科普热点

复制生命
——探寻基因世界

黄明哲 主编

U0304253

中国科学技术出版社
·北京·

图书在版编目(CIP)数据

复制生命：探寻基因世界/黄明哲主编. --北京：
中国科学技术出版社，2013.2（2019.9重印）
（科普热点）
ISBN 978-7-5046-5759-6

Ⅰ.①复… Ⅱ.①黄… Ⅲ.①基因-普及读物 Ⅳ.①Q343.1-49

中国版本图书馆CIP数据核字（2011）第005517号

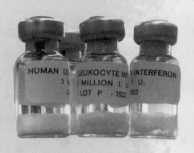

中国科学技术出版社出版

北京市海淀区中关村南大街16号　邮政编码：100081

电话：010-62173865　传真：010-62173081

http://www.cspbooks.com.cn

中国科学技术出版社有限公司发行部发行

莱芜市凤城印务有限公司印刷

*

开本：700毫米×1000毫米 1/16　印张：10　字数：200千字

2013年2月第2版　2019年9月第2次印刷

ISBN 978-7-5046-5759-6/Q·156

印数：10001—30000册　定价：29.90元

前言

科学是理想的灯塔!

她是好奇的孩子，飞上了月亮，又飞向火星；观测了银河，还要观测宇宙的边际。

她是智慧的母亲，挺身抗击灾害，究极天地自然，检测地震海啸，防患于未然。

她是伟大的造梦师，在大银幕上排山倒海、星际大战，让古老的魔杖幻化耀眼的光芒……

科学助推心智的成长!

电脑延伸大脑，网络提升生活，人类正走向虚拟生存。

进化路漫漫，基因中微小的差异，化作生命形态的千差万别，我们都是幸运儿。

穿越时空，科学使木乃伊说出了千年前的故事，寻找恐龙的后裔，复原珍贵的文物，重现失落的文明。

科学与人文联手，人类变得更加睿智，与自然和谐，走向可持续发展……

《科普热点》丛书全面展示宇宙、航天、网络、影视、基因、考古等最新科技进展，邀您驶入实现理想的快车道，畅享心智成长的科学之旅!

作 者

2011年3月

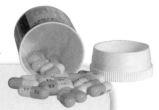

目 录

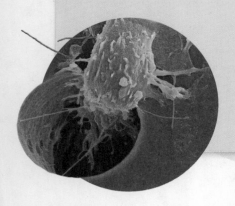

第一篇
走进生物工程——从分子水平探索生命的本质

生物工程——科学技术的新世纪

现代生物技术（即生物工程）

多姿多彩的生物使地球生机盎然，自古以来人类的生存和发展就与生物界息息相关。人类不断地在生物界中探索，获益良多。现如今，生物学更是大为发展，那么就让我们利用现代生物技术去探索生命的本质，迎接这个科学技术的新世纪吧！

传统生物技术的技术特征是酿造技术，近代生物技术的技术特征是微生物发酵技术，现代生物技术的技术特征是以基因工程为首要标志。我们现在常说的生物技术，是现代生物技术，也可称之为生物工程。它的应用范围十分广泛，主要包括

20世纪70年代以来，生物科学领域的新成就层出不穷。如果将生物科学分为微观和宏观两个方面，那么，微观生物科学从细胞水平步入了分子水平，宏观生物科学也正为解决全球资源匮乏、环境污染等问题发挥着重大作用。日益更新的当代生物科学技术正如100年前的物理学一样，在自身发展迅速的同时也带来了一系列与人类生活息息相关的大革命。

科学家将我们所用的生物技术按时间划分为三个不同的阶段：传统生物技术、近代生物技术、现代

生物技术。其中，在20世纪70年代开始崛起的现代生物技术发展尤为神速，人们将它与微电子技术、新材料技术和新能源技术并称为"影响未来国计民生的四大科学技术支柱"，是21世纪世界知识经济的核心。本书将为你打开现代生物技术的大门，带你走进一个科学技术的新世纪。

　　现代生物技术，就是我们所说的生物工程，这门20世纪70年代开始兴起的综合性应用科学是将生物科学与工程技术有机结合的科学技术。也就

医药卫生、食品、轻工、农牧渔业、能源工业、化学工业、冶金工业、环境保护等方面。

▼ DNA双螺旋结构

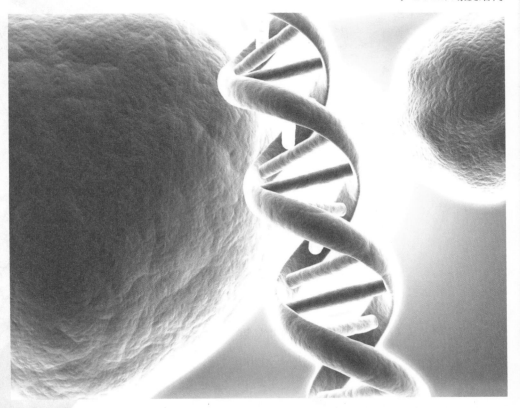

复制生命——探寻基因世界

生物工程的中心内容是在细胞水平和分子水平上改造和利用生物，以生产出人们需要的产品，在解决如食品、卫生、环境、能源等现代人类面临的重大问题时前景广阔。随着与生物技术相关的诸多基础理论和技术的发展，生物工程发展趋势的高效性和主动性越来越受到人们的重视，值得人们去探索。目前生物技术最活跃的应用领域是生物医药行业。

是说，生物工程是以生物科学为基础，运用先进的科学原理和工程技术手段来加工或改造生物材料（如DNA、蛋白质、染色体、细胞等），从而生产出人类所需要的生物或生物制品的一门现代技术。

生物工程包括五大工程，即基因工程、细胞工程、发酵工程、酶工程和蛋白质工程，其中基因工程为核心技术。在这五大工程中，前两者通常利用常规菌（或动植物细胞株）作为特定遗传物质受体，使它们获得外来基因，成为能表达超远缘性状的新物种——"工程菌"或"工程细胞株"。后三者则是为这一有巨大潜在价值的新物种创造良好的生长与繁殖的条件，让新物种得以大规模培养，以充分发挥其内在的潜力，为人们提供巨大的经济效益和社会效益。

科技的发展速度超越了人类的想象，进入21世纪后，生物工程更是迅猛发展。尤其是随着人类基因组计划的完成，人类有了自主改造基因的能力，于是各种梦想应运而生。然而生物工程到底在人类的未来生命中会扮演怎样的角色，今天还不能断言。我们由衷地希望它们能够给我们带来的不仅是一项项的技术，更是人与自然的和谐。

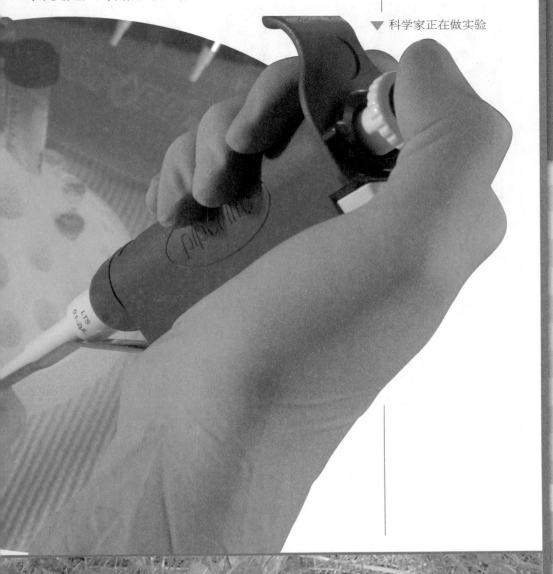

▼ 科学家正在做实验

什么是基因

美国科学家沃森和英国科学家克里克共同提出了DNA分子双螺旋结构模型，这标志着生物科学进入了一个新的阶段——分子生物学阶段。

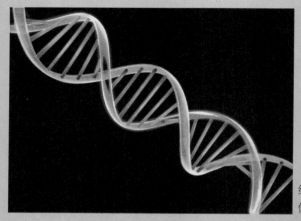

DNA包含了人体的全部遗传信息，那些具有遗传信息的片段则被称为基因，你知道人类拥有多少个基因吗？

细胞核中的DNA分子包含了人体全部的遗传信息

基因是生命的密码，记录和传递着遗传信息，储存了生命孕育生长以及死亡的全部信息，甚至连生物体的生、长、病、老、死等一切生命现象都与基因有关。通过基因的复制、表达、修复等过程，人类才得以繁衍生命、进行细胞分裂和蛋白质合成等重要生理过程。它同

人是由大量细胞所组成的一个整体。每一个细胞都含有一个完整的"指令库"。当人还是一个受精卵时，受精卵中最早的两组遗传因子指令开启人胚胎的发育步骤，并进行复制，最后逐渐发育成含有100兆个细胞的完整机体，这一系列过程都与基因密不可分。

基因是遗传的基础，地球上所有的生物都含有基因。一般来说，生物越高级，其细胞所含的基因数目就越多。一个简单的病毒仅有几个基因，我们人类则拥有2万~2.5万个基因，细胞核中的DNA

分子包含了人体全部的遗传信息，科学家把遗传信息的数目用"比特"来表示。

　　控制着受精卵发育成人的全部信息就在人体这2万~2.5万个基因中。人类的生长、发育乃至健康、长寿等的全部信息，都贮藏在这些基因之中。当有关基因在结构上发生了变化，或其表达上发

时也是决定人体健康的内在因素，与人类的健康密切相关。

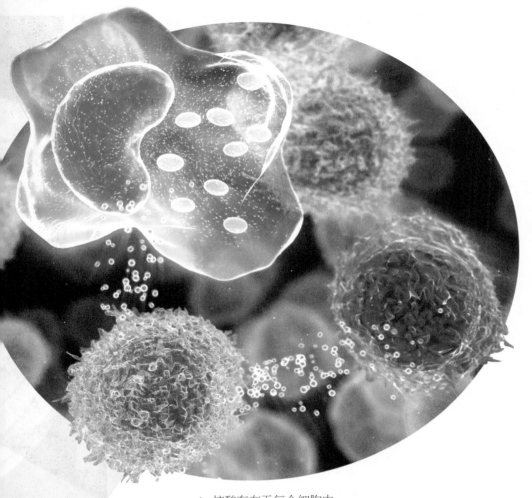

▲ 核酸存在于每个细胞中

复制生命——探寻基因世界

核酸存在于每个细胞中，是遗传信息的载体，它是由 C、H、O、N、P 等化学元素组成的高分子化合物。根据核酸所含五碳糖的种类不同，可以将核糖分为脱氧核糖核酸和核糖核酸，DNA 就是脱氧核糖核酸的简称。核酸作为生命的根源是遗传因子的本体，控制着细胞的分裂、生长以及能量的产生，执掌着细胞的新陈代谢。生命从诞生到死亡，均受核酸支配。

生故障，就会引起人的许多遗传疾病，如某些高血压病、癌症、糖尿病、智力发育迟缓、老年痴呆症等。另外，人类之所以具有学习、言语、记忆、创造等行为，也与基因信息有关。

基因是生物体遗传的基本单位，是 DNA 分子上具有遗传信息的特定核苷酸序列的总称，是具有遗传效应的 DNA 片段，它的化学本质是 DNA。基因通过复制把遗传信息传递给下一代，使后代呈现出与亲代相似的性状。

基因由 4 种不同的核苷酸组成：腺嘌呤（A）、胸腺嘧啶（T）、鸟嘌呤（G）、胞嘧啶（C）。它们的各种组合，就如同汉字里面的点横竖撇捺可以构成千万个汉字、26 个字母可以组成英语世界一样，组成了人体 30 亿个核苷酸，相互连接成长链。核苷酸不同的排列次序决定了不同的生物功能。因此，正确的核苷酸排列次序是至关重要的，只要其中有一个核苷酸的次序出了差错，就会酿成大祸。20 世纪 80 年代初，科学家们发现，在膀胱癌的细胞中，有关基因中只要有一个核苷酸与正常

细胞不同,这个基因就病变为癌基因!

1997年,英国科学家桑格和美国科学家吉尔伯特发明了快速测定DNA中核苷酸次序的方法,为揭开生命之谜找到了一把钥匙,他们也因此而获得了1980年诺贝尔化学奖!

▼ 美国科学家沃森(中)与英国科学家克里克(右)

基因工程——改造生命的探索

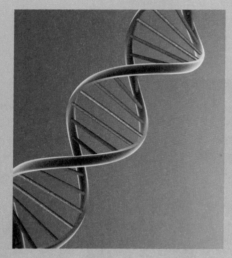

你知道人类身体的各种特征是由什么决定的吗？可能有很多人都会说：基因！对了，我们身体的特征都是由基因来决定表达的。现在，基因逐渐变成一个炙手可热的话题。为什么我们越来越重视基因？基因可以改变吗？

DNA是一种双股螺旋长链型的大分子

基因工程对人类生活影响巨大！1986年首次批准转基因烟草进行田间试验至今，对转基因植物的研究已有很大进展：美国已大面积种植转基因大豆、玉米；用基因工程技术研制的药物也有多种已经上市。就其使用技术而言，大致可以归纳为细胞融合技术、细胞拆合技

发育成人类的受精卵细胞核里包含了来自父母双方的染色体。染色体的主要成分叫做脱氧核糖核酸，简称DNA，是一种双股螺旋长链形的大分子，就像麻花一样拧在一起。DNA能通过自身分子结构成分（碱基）之间的组合关系，来表达合成某种蛋白质的信息，而蛋白质分子的化学活动正是整个机体细胞生命活动的基础。当受精卵发育成新一代

个体时，DNA会被复制到个体的体细胞中，身体的各种特征由此得到了传递。

我们平时所说的基因，就是DNA上决定个体某一性状的基本功能单位。DNA并非都具有遗传意义，基因才是DNA上具有遗传意义的片段。基因包含一定数量的碱基，每条染色体中大约有1.5亿个碱基，每个细胞大约有30亿个碱基。由于基因的长度各不相同，有可能包含数千个碱基，也可能有上万个。

了解了我们身体的这个秘密之后，科学家们就设想，要是将一种生物的DNA中的某个遗传密码片

术、染色体导入技术、胚胎移植技术、克隆技术等。诸多技术让人目不暇接，但如何善用这份"造化"之力，是值得全人类去思考的问题。

▼ 给DNA做个重新组织的手术

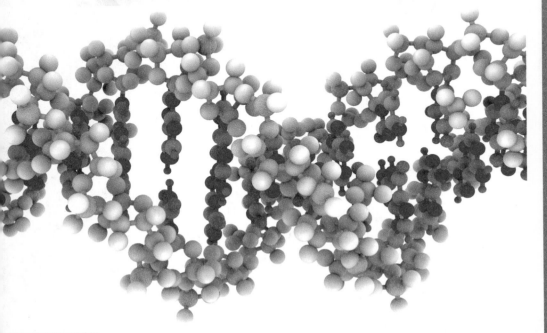

复制生命——探寻基因世界

在电脑游戏《孢子》中，人们可以随心所欲地创造生物。虽然这种技术可以让我们获得"千里眼"、"顺风耳"，但我们必须认识到这项技术有很大的风险，一旦无法控制，是有可能制造出各种各样的怪物来的。如果有一天实验室中冲出一只兔头人身或者人头马身的异形，我们该认为它是人还是动物呢？

段连接到另一种生物的DNA链上去，给DNA做一个手术，把DNA重新组织一下，我们"自造"出的生物不就具有我们希望它能具备的特征了吗？这与过去培育生物、繁殖后代的传统做法完全不同，它很像技术科学的工程设计，按照人类的需求把这种生物的这个"基因"与那种生物的那个"基因"重新进行"施工"、"组装"形成新的基因组合，创造出新的生物。这种完全按照我们自己的想法，重新组装基因产生新生物的科学技术就叫"基因工程"，或者叫"遗传工程"。

基因工程又称基因拼接技术和DNA重组技术，它是以分子遗传学作为理论基础，以分子生物学和微生物学的现代方法作为技术手段，将不同来源的基因按预先设计的蓝图，在体外构建杂种DNA分子，然后导入活细胞，以改变生物原有的遗传特性，获得新品种，生产新产品。基因工程技术为基因结构和功能的研究提供了有力的手段。

在没有基因工程之前，你敢

想象一个具有鹰的眼睛、熊的力量、豹的速度的生物在你的身边诞生吗？有了这个技术，人类就有可能随心所欲地创造生物了，动画片里的设想可能就真的变成了现实。

▼ 在电脑游戏《孢子》中创造的生物

遗传工程是怎么施工的

庄稼在生长的过程中都需要大量的氮肥。偏偏大豆、花生等豆科作物少施氮肥也能长得很好，原因是它们的根部生长着可以固氮的根瘤菌。现在有了"遗传工程"，其他农作物也可以拥有属于自己的"小化肥厂"啦！

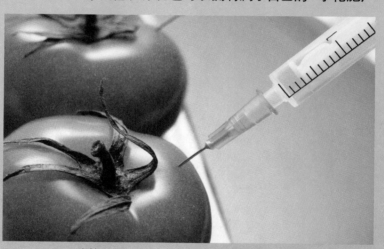

遗传工程能为人类开辟新的食物来源

实际上，广义的遗传工程就是指基因工程和细胞工程。之所以这样说，是因为基因工程和细胞工程都能够改变生物的遗

"遗传"，说的是生物方面的事；"工程"说的是建筑方面的事。"遗传"和"工程"又怎么能联系在一起的呢？难道可以像设计新的建筑物那样来设计新的生物吗？

不错，正是这样。遗传工程这门新技术要做的就是这件事。

通俗地说，遗传工程就是用"外科手术"的方法将甲生物的某个基因从其染色体上切下来，转移给乙生物，从而使乙生物具备甲生物的这个基因所表达出的特定性状或功能。

遗传工程是一个复杂庞大的系统工程。简单地说，它包括四个大的步骤：第一是获得目的基因；第二是目的基因与载体的体外重组；第三是将重组后

传特性，创造出新的生物，所以把它们都称为遗传工程。而狭义的遗传工程则仅仅指的是基因工程。这里一般指的是狭义的遗传工程。

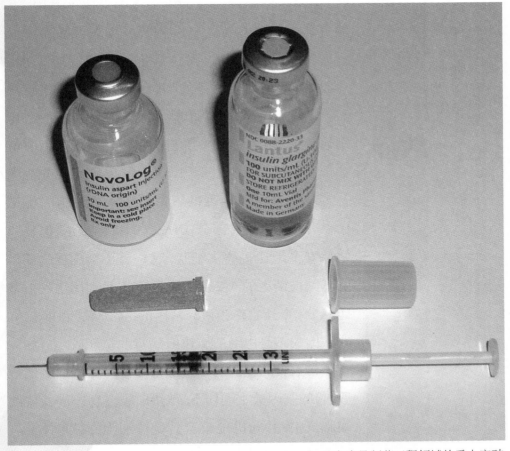

▲ 胰岛素是制药工程领域的重大突破

复制生命——探寻基因世界

基因工程能为人类开辟新的食物来源，转基因食品占据了我们的餐桌；基因工程药品如胰岛素、干扰素和乙肝疫苗等是制药工程领域的重大突破；在医学研究中，目前利用基因诊断方法已经能够检测出肠道病毒、单纯疱疹病毒等许多种病毒；基因工程还可以培育高产、优质或具有特殊用途的动植物新品种。

的DNA分子导入受体细胞；最后是转化细胞的筛选和外源基因的表达。

目的基因的获得有几种不同的方法：如果基因所含碱基对较少时，可以通过翻译蛋白质来破译遗传密码，以确定其DNA序列，进而人工合成所需要的基因；还可以运用基因的克隆手段——当基因的碱基对数量很大，或由于其他原因难以人工合成时，就从目的基因所在的生物体中提取该基因，并通过细菌大量繁殖此DNA片段，从而获得基因。

获得目的基因后，我们要将这单个基因（即DNA片段）导入另一生物体的细胞，将其与载体进行重组。然而，事情没那么简单，细胞内的防御系统会识别这陌生的外来基因，当辨明它不是体内基因时就会把它消灭掉。经过努力，人们发现最好的办法就是寻找一种类似病毒的容易接近寄主细胞的小型DNA分子，并将其部分DNA分子用蛋白质"包装"之后安全地送进寄主细胞，这样就不会出现之前目的基因被消灭的"惨剧"了。我们不妨利用这种小型DNA分子，让它作为目的基因的"载体"，目前较好的载体大多是由细菌质粒或病毒改造而成。

带有目的基因的小型DNA分子与受体细胞接触后，目的基因被主动切下，被蛋白质包裹送进受体的细胞核中，并随机地整合到受体细胞的染色体上。这就是遗传工程的第三步。

上述受体细胞中只有很小一部分真正获得了所需要的目的基因。所以，还必须通过诸如遗传学方法、免疫学方法或是分子杂交方法，将接受目的基因的细胞筛选出来进行培养，直到证实目的基因能够稳定地遗传并能在细胞株上表达，这项遗传工程才算竣工。

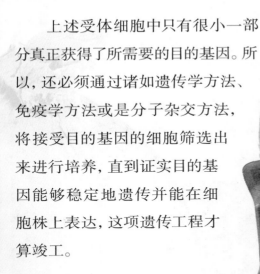

▶ 基因工程还可以培育高产、优质或有特殊用途的植物新品种

生命进化的痕迹——"假"基因不假

当今年代，假冒伪劣产品横行市场，很多人深受其害。可你们知道吗？基因也有"假"的哦！大家可能会认为：这怎么可能呢！基因决定我们的生老病死，如果基因有假的，那我们不就被害惨了吗？让我们一起来了解一下"假"基因吧！

非洲爪蛙

"假"基因的发现是在真核生物的研究中取得的成果。"假"基因（pseudogene，常用ψ表示）具有与功能基因相似的序列，但因发生了许多突变而失去了原有的功能。根据其来源可分为复制

基因也有"假"的吗？实际上，我们所说的"假"基因并不是假冒伪劣的基因，而是指一种存在于我们的体内，但由于各种原因已经不再发挥作用的基因。这就像在最新的数码相机使用手册的背面发现了胶卷的使用说明一样，很多有趣的过时指令可能就藏在我们的这类基因里。这些基因虽然没有用处，但并没有害处。为了区别正常的基因，科学家们给它命名为"假"基因。

第一个"假"基因的发现是在1977年，当时科学家正在研究非洲爪蛙。在一段正常的功能基因旁有一段DNA序列，由于这个序列上发生的突变丧失了原来的功能，这就是我们所说的"假"基因。在这之后不久，科学家又在珠蛋白基因簇、免疫球蛋白基因簇以及组织相容性抗原基因簇中找到了"假"基因，而且这些"假"基因通常是散布于有活性的功能

"假"基因和加工"假"基因。迄今为止，明确鉴定的人类"假"基因多为加工"假"基因，有8000个之多。

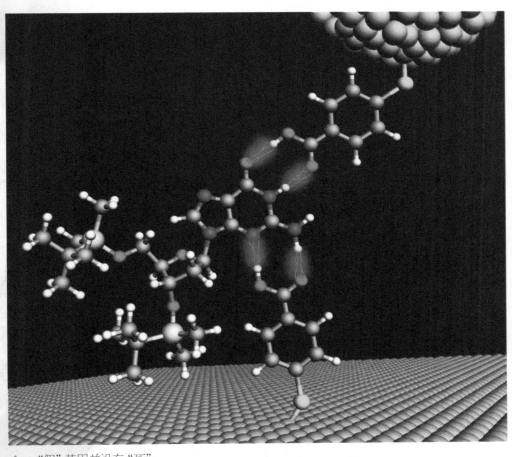

▲ "假"基因并没有"死"

复制生命——

探寻基因世界

"假"基因虽然丧失了它本身的功能，但它并没有"死"！如果把基因组比做一个活跃的生物计算机操作系统，那么"假"基因好比是残留的那些古老密码，虽然功能早已在漫长的时光里逐渐退化，但它们仍然存留了下来。我们不能忽视"假"基因，它们作为基因组重建与更新的产物，记录着密码的生成与变化，它们本身或许就是我们解开"假"基因谜团的"密码"。

基因之间。到目前为止，已经有40多种"假"基因为我们所了解了。

那么"假"基因是怎样形成的呢？大部分科学家都认可的一种观点是："假"基因是由功能基因演变而来的，是在生命进化过程中遗留下来的一个"痕迹器官"。在人类以及各种动物漫长的进化过程中，会发生各种各样的基因突变。大多数情况下，发生突变并不会影响基因的功能，但是对于"假"基因就不同了，它们往往是发生了致命的突变，丧失了原来的功能，却又在人体中保存了下来。从这个意义上说，"假"基因是功能基因的"弃儿"。但正是这些看似无用的遗传变异为物种进化的正、负选择以及中性漂变提供了丰富的原材料，从而成为物种进化中不可或缺的有用"工具"。

"假"基因的功能异常也可能是导致人类疾病产生的因子，所以"假"基因的发现及准确鉴定对基因组进化、分子医学研究和医学应用意义重大。实际上，在人类的基因组中，大约只有3%的DNA为蛋白质编码，其余的97%长期被认为是没有真正功能的"废料DNA"，其

中就包括"假"基因。其实，越来越多的科学实验表明这些"废料DNA"可能在细胞内对基因表达的调控、新功能基因的构成等方面发挥着重大的作用，只是我们还没有完全弄清楚它的功能。所谓化腐朽为神奇，说不定这些"废料DNA"正是我们还没有探寻的宝库呢！

▼ "假"基因的功能异常可能是导致人类疾病产生的因子

天才与疯子仅一步之遥——基因排列失常

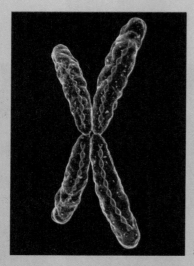

爱迪生曾经告诉我们："天才是百分之一的灵感加上百分之九十九的汗水。"这句话也许给了很多渴望成为天才的人们努力的动力，然而，一直以来人们更看重的是努力，却忽视了这"百分之一的灵感"到底是怎样产生的。究竟对于"天才"的出现是否还存在另外的解释呢？

基因排列失常很有可能就是造就一个天才的原因所在

威廉斯氏综合征是因为基因排列失常而造成的先天性疾病，病患有明显的面部特征，如面颊凸出、鼻子上翻和嘴巴阔大等。患上这种疾病的孩子天生就有学习障碍，心脏、肾脏和血液也很容易出毛病。目前

当你看到这个标题的时候，我们已经能够想象你瞠目结舌的表情了。这也许对你的既定观念产生了很大的冲击，但是科学家的研究表明，基因排列失常很有可能就是造就一个天才的原因所在。

这种解释最初是由加拿大的研究人员在探讨"威廉斯氏综合征"的过程中意外发现的，与生俱来的音乐、数学天赋，可能是由于人体内的基因排列失常造成的。但是同样的基因失序，也可能会导致精神分裂症

等精神病。

《自然医学》期刊中有篇报告指出，那些大多数出生就被诊断为威廉斯氏综合征的孩子，他们体内的7号染色体少了20个基因。可是，令人感到神秘的是，患有"威廉斯综合征"的小孩，有5%并不缺少

每2万人当中就会出现一位威廉斯氏综合征患者。

◀ 患有威廉斯氏综合征的孩子天生就有学习障碍

现今社会有许多家长热衷于带孩子去做"天赋基因测试"，我们姑且不说这是商家赚钱的把戏。即使一个孩子的天资再高，如果后天不去挖掘，不去探索，在别人提升的同时，他就只停留在那所谓的天赋上。所以那么多的"神童"长大后都没有真正超越，也是因为这个道理。

这20个基因，这类小孩天生就有学习障碍，心脏、血液和肾脏功能也不正常，可是很多却是音乐天才，社交能力也异常地好。据生活时报报道，研究小组通过观察这类小孩及其父母的基因图谱后发现，原来这20个基因的次序被颠倒了，就好像玩扑克牌游戏，在洗牌时把几张牌翻了过来。

参与这项研究的多伦多儿童医院资深研究员斯蒂芬·谢勒拿书的排印来比喻基因图谱里被"排错"位置的情况："把基因图谱当做一本书的话，里面有一个含有20个字的句子被印颠倒了。"这20个基因其中一个是专门制造弹力蛋白的，它是让血管壁强韧并保持弹性所不可缺少的蛋白质，其他19个基因扮演什么角色目前还不清楚。根据研究小组的推想，其他的精神疾病，如孤独癖和精神分裂症所表现的较不明显的怪异行为特征可能也是基因排列颠倒引起的。

另外一项研究已经指出，15号染色体异常的人，较容易患恐慌和焦虑症。然而，同样的基因作用也可能是智力"大跃进"的动力，说不定会因此而产生音乐天才和物理天才，有人就怀疑爱因斯坦曾患过某种孤独癖。

　　并不是所有的基因"失序"都会影响行为，有时候受到影响的是体型，或者是免疫系统，这要看在基因排列图谱中具体是在哪里"失序"的。所以，一部分幸运的基因排列失常者就成为了极富创造力的天才。

　　你愿意冒险做一个天才，还是安稳地过平凡人的生活？

▼ 15号染色体异常的人容易患恐慌和焦虑症

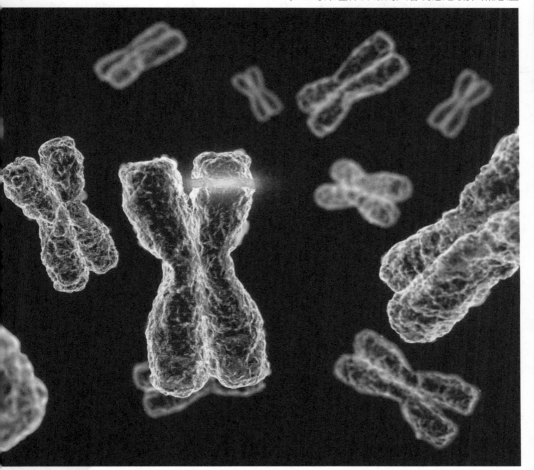

22号染色体的秘密

复制生命——探寻基因世界

自人类基因组计划启动以来，科学家们一直都在对人体23对染色体中的2万~2.5万个功能基因、30亿个碱基对进行定位定序和功能确定，从而揭示人类生老病死的奥秘。这个计划取得的第一个重大进展就是解开了第22号染色体的秘密。在这对染色体中，到底隐藏着什么样的秘密呢？

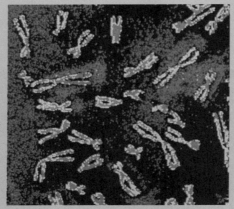

细胞核中的DNA分子包含了人体全部的遗传信息

1999年12月1日，英国科学家宣布，人类重大科学研究项目之一——人类基因组计划取得突破性成果，第22号染色体全部破译。

第22号染色体是人体23对染色体中倒数第二小的染色体，对它的测序破译工作是由英、美、日三个国家的科学家进行的。在对第22号染色体进行破译的过程中，一共发现了679个基因，其中有55%是人们以前不知道的。

这些基因决定了我们身体的哪些部分呢？实验表明，研究人员发现的这些基因，主要与先天性心

染色体的号码是依照染色体的长度由长到短而定的。但在五十多年前制定染色体号码时，由于当时技术的限制，21号染色体被认为比22号染色体的长度长，事实上21号染色体比22号染色体更短。也就是说，22号染色体是次短的，它大约由5000万个碱

脏病、免疫功能低下、精神分裂症、智力低下、出生缺陷以及许多恶性肿瘤有关。例如，能够比较充分地用第22号染色体中发现的基因解释的疾病——先天性胸腺发育不全综合征。这种综合征是一种典型的细胞免疫缺陷疾病，并伴随有先天性心血管疾病。研究人员在对第22号染色体的破译过程中发现，在染色体的着丝粒附近，存在以前未曾想到的

基对组成。染色体包括长臂、短臂及它们之间的着丝点三部分，22号染色体的长臂约有3400万个碱基对，短臂约有1500万个碱基对。

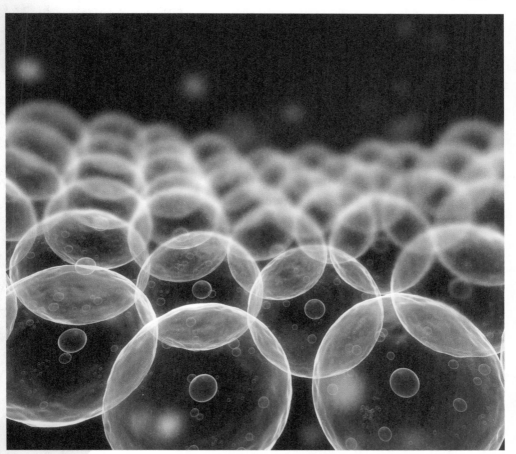

▲ 人类基因组计划将揭示人类生老病死的奥秘

复杂的重复顺序结构。这一信息有助于解释为什么第22号染色体在这一区域的重组会导致先天性胸腺发育不全综合征。

其次，在破译第22号染色体的过程中，科学家们发现了关于人体基因的一些新情况。例如，在第22号染色体的12个DNA片段中，最长的一个片段有2300万碱基对，这是自人类基因组测序研究以来获得的最长的DNA片段。同时，第22号染色体中的基因长度长短不等，长度范围从1000个碱基对到58.3万个碱基对，平均长度为19万个碱基对。这一研究成果使科学家对过去估计的人类功能基因数量产生了怀疑，科学家原来估计人体的功能基因约为10万个，但根据对第22号染色体基因密度的推算，人类的基因总数将不超过3.5万个。

此外，在第22号染色体上测得的679个基因中，有545个是功能基因，另外的134个是"假"基因，即在人类的进化过程中，这134个基因曾经发生过作用，但现在已不再发挥作用。除此以外，研究人员还发现，在第22号染色体上还有200~300个从

生物的种类不同，细胞中染色体的数目也不同。例如，黑腹果蝇有4对共8条染色体，人有23对共46条染色体，洋葱的细胞内有8对共16条染色体，水稻有12对共24条染色体。特别的是，人类体细胞的46条染色体中，其中有44条为常染色体，另两条与性别分化有关，为性染色体。性染色体在女性体内表现为XX，在男性体内则表现为XY。

功能到结构尚待确认的基因，约有160个人体基因与老鼠基因的遗传密码相似。如果将这些遗传密码与其他生物的遗传密码相比较，将会找到人类和生物在进化过程中更深层的秘密。

▲ 洋葱的细胞内有8对共16条染色体

人类基因组计划——生命科学的"登月计划"

"人类基因组计划"（HGP，Human Genome Project）是生命科学领域的一项巨大工程，与"曼哈顿原子弹计划""阿波罗登月计划"一起相提并论为自然科学史上的三项"伟大计划"。那么究竟人类基因组计划能为人类带来什么改变呢？

人类基因组计划是自然科学史上的一项伟大计划

人类基因组计划是美国科学家于1985年率先提出的，旨在破译人类全部遗传信息。1989年，美国国立卫生研究院成立了人类染色体研究中心。1990年美国国会批准

通过前面的了解，我们已经清楚地知道基因是决定我们生命各种信息的物质基础。之所以选择人类的基因组进行研究，是因为人类是进化历程上最高级的生物。除了早已认识到的遗传性疾病受基因控制以外，甚至连肿瘤、肥胖、高血压、冠心病、糖尿病、痴呆、精神分裂症、暴力倾向、酒瘾等疾病或行为也都与基因有关。人的基因组包含着影响一个

人的生老病死以及精神、行为等活动的全部遗传信息，如果我们发现了人类的所有基因并且弄清楚它们在染色体上的位置，我们就能破译自身的秘密、掌握生老病死的规律、准确诊断和治疗疾病、了解生命的起源、认识人类自己，这也就是人类基因组计划的目的。

但是，要达到这个目的谈何容易！人类虽然只有

了"人类基因组计划"，这个计划被称为生命科学的"登月计划"。中国是参加此计划的唯一一个发展中国家，承担着1%的任务。

▲ 基因是决定人类生命各种信息的物质基础

再过几年,也许会迎来个人基因组时代。美国塞莱拉遗传公司创始人文特尔认为,今后也许我们可以期盼个人的精子、卵子、早期胚胎和干细胞等都可以绘制成一份基因组图谱,以检查是否有疾病风险存在。这似乎有点不可想象,到目前为止,绘制了个人基因组图谱的实在是寥寥无几。不过到2011年年底,随着"国际千人基因组计划"的完成,数目将会超过2500人。

一个基因组,但是在这一个基因组中,就有2万~2.5万个基因。这些基因排列在30亿个碱基对上,而我们所要做的工作,实际上就是弄清楚这30亿个碱基对的排列顺序,并且要"读懂"这些碱基对顺序所代表的意义,工程是多么浩大啊!

彻底弄清楚了我们身体中所包含的全部基因,人类的未来将就此改写!例如,在生病之后,我们就可以根据基因图谱找出到底是哪个基因出现了问题,从而"对症下药"。甚至当一个新生儿出世时,在法律准许、其父母也同意的条件下,我们就能够获得这个婴儿的基因组图。这张图,就记录着这个生命的全部奥秘和隐私,不但能显露出这个孩子成年后是不是一个色盲,大概的身高、体重,是否会秃顶,甚至还可以准确地告诉他的父母:这孩子将来可能会死于什么疾病。

人类基因组计划于1990年启动,2000年工作草图绘制完毕,2003年正式完成了对全部30亿个碱基对的测序工作。2004年,国际人类基因组测序联盟的研究者宣布，人类基因组中所含基因的预计数目为2万~2.5万个基因，远远小于当初10万个基因的估计值。

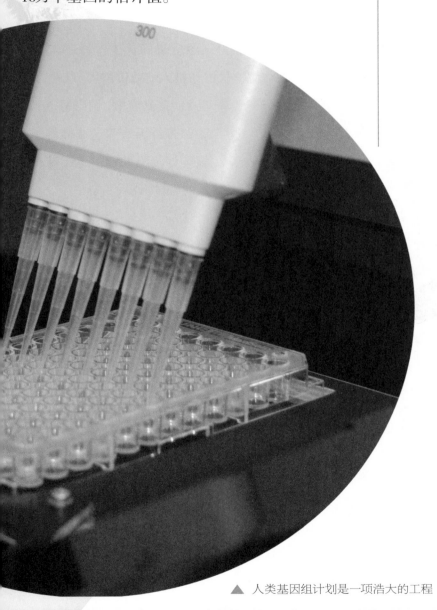

▲ 人类基因组计划是一项浩大的工程

苗条的身材要感谢"瘦身基因"

近年来，"瘦身热潮"不断涌动，瘦身话题风靡全球，而花样繁多的减肥广告也被搬上了荧屏，各种各样的减肥方式纷纷被人们效仿试用，减肥药物、瘦身套餐、健身房、瑜伽等纷至沓来。这样的瘦身计划真的能打造出苗条的身材吗？

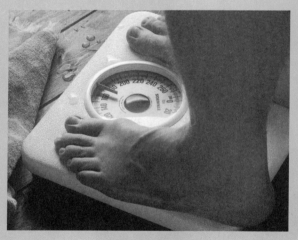

难道真的有瘦身基因

肥胖一般分为两大类，一类是因病而引起的肥胖，这种肥胖称为症状性肥胖，占整个肥胖人数的5%左右。另一类肥胖则是由于在饮食过程中所摄入的热量过多，超过其本身所消耗的热量，而使多余的脂

为什么饮食习惯和运动习惯相差无几的人，身材却可以相差很大呢？许多年来，人们普遍认为造成这一现象的原因是个体差异和机体代谢不同。这种解释听起来似乎很有道理，但对那些打算控制体重的人来说只是空泛的安慰，显得苍白无力。而今，科学家们研究认为，这其实是基因在作怪。

科学家在对人类基因组进行深入研究时，发现了体重调节的遗传学机制，并试图弄清整个调节体系是如何"工作"的。随着研究的深入，科学家们相信身材的匀称是与基因息息相关的，并且有可能开发出治疗肥胖病的特效药物，帮助几十年靠控制饮食和锻炼仍无法摆脱肥胖的患者解决肥胖问题。

　　1994年，美国洛克菲勒大学霍华德·休斯医学研究所的科学家们发现了参与肥胖的基因，他们同时指出，不久也将找到新的靶标和新的药物。

肪及其他养分在体内积蓄起来形成脂肪细胞，从而导致肥胖，这类肥胖称单纯性肥胖，占肥胖人总数的90%以上。

▼ 在饮食中摄入过多热量也会导致肥胖

2007年美国科学家发现，脂肪二磷酸腺苷基因（adp）可让小鼠和果蝇保持"苗条"，也许可以给人类防治肥胖提供新的路径。这是美国耶鲁大学的研究生多安在研究果蝇的不孕性时发现的。当时，多安发现那些缺少adp基因的果蝇在饥饿和极度干燥的恶劣条件下仍能存活。现在，人们继续研究小鼠，发现该基因在小鼠和果蝇体内以相同的方式工作，可使小鼠变胖或变瘦，并且基因能够被保存下来。

科学家们通过研究患巨胖症的小鼠，发现了这种决定动物胖瘦的基因。他们发现这些肥胖小鼠的某个基因存在缺陷，这种基因编码以前无人知晓，存在于人体的脂肪细胞中，该细胞分泌出一种名叫"瘦素"的激素。当正常的种系小鼠大大超重时，该激素给大脑发出信号，抑制食欲；当脂肪储存下降时，该激素就停止释放，恢复食欲。而该基因受损的小鼠体内不含有瘦素，可以使小鼠在没有饱腹感的状态下一直进食，从而导致肥胖。

将瘦素基因导入肥胖小鼠体内后，它们的体重在两周内降低了30%。作为更进一步的证据，人们发现一对瘦素基因有缺陷的儿童，其中一名9岁，体重94.3千克！经中等剂量瘦素治疗后，两名儿童的体重每月平均下降1.8千克，这个试验证实了瘦素在一定程度上对人体也是奏效的。

科学家们的研究还发现，在动物体内有一个特殊的肥胖基因，当摄入的营养过剩时，这个基因会使动物体内产生很多的储存脂肪的细胞，从而导致发胖，如果能控制这个基因，食用再多的脂肪也不

会发胖。根据这个原理，研究人员培育出了这种基因存在缺陷的实验鼠，这类实验鼠即使吃得很多，体内储存脂肪的细胞也不会增加，体重仍保持正常。

看来，我们很快就能通过基因技术来控制体重了!

▲ 瘦身基因将帮助你控制体重

37

"我还没死"基因

古人感慨道："人生七十古来稀。"今天，随着生活条件的改善和医疗技术的发展，70岁的老人随处可见。但人类也不满足于现有的寿命，世界各国的生物学家、人口统计学家、遗传学家、医学专家和社会学家都渴望找到人类长寿的秘方。

基因突变的果蝇寿命变长

2010年5月3日，中国台湾阳明大学研究团队声称找到调控寿命长短的Cisd2基因，他们进一步利用基因转殖技术，提升长寿基因蛋白的量，使实验中的小鼠存活的时间长达36个月，较一般老鼠增加1.4倍，相当于人类的110岁。更重要的是，这些"长寿

科学研究表明，基因决定着我们的生老病死。那么，到底是哪种基因决定了我们的寿命呢？要是找到了这种基因，我们不就可以长生不老了吗？

科学家们研究发现，一种被命名为"我还没死"的基因发生突变后，果蝇的平均寿命便延长了一倍。研究人员说，这个发现也许有利于制造出延长人类寿命甚至减肥的新药。

美国康涅狄格大学卫生中心的研究人员发现，改变果蝇的"我还没死"基因的单一染色体后，果蝇的平均寿命从37天延长到了70天，一些果蝇的寿

命甚至长达110天。

　　这份研究报告指出，人体内也有同样的长寿基因，以人类现在的寿命来说，等于能够活到大约150岁。这种基因突变的奥秘可能是限制细胞吸收热量，也就是说，让细胞节食。这就产生了一种可能性：有朝一日，科学家能研制出一种不但可延年益寿，还可控制体重的灵丹妙药。"我还没死"基因将成为延长寿命的药物治疗的目标。

鼠"仍精力充沛毫无老态。未来若能找出补充 Cisd2 基因的物质，人类也可望长生不老、青春永驻。

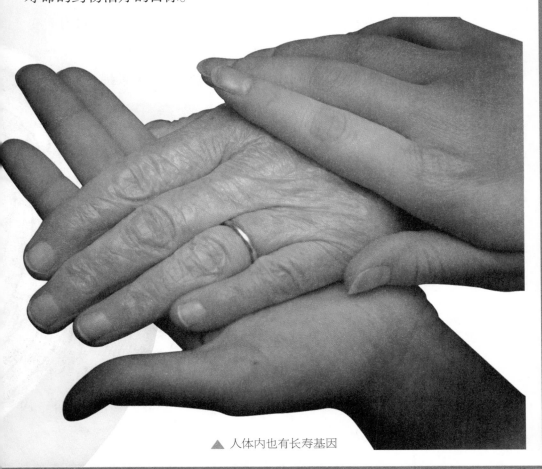

▲ 人体内也有长寿基因

果蝇堪称生物中的"好色之徒"，每两周就能繁殖出新的一代。雌果蝇的腹部有6条易见的环节，而雄果蝇只有5条，在雄果蝇跗关节前端的表面约有10个黑色的坚硬鬃毛流苏，被称为性梳，在雌体上则没有这些性梳。果蝇的求爱方式很奇特，雌果蝇能够利用胸触角来聆听雄果蝇发出的求爱"情歌"。不同种属的雄果蝇各自演唱着不同曲调的"情歌"，其中有一种雄黄果蝇会用翅膀来唱"情歌"。

还有一个重大发现是，不仅果蝇的寿命延长了，而且它们似乎也过上了更高素质的生活。报告指出："长寿不是空空洞洞地活着，而是延长活跃的成年生活，推迟了衰老的进程。"富有乐趣的长寿，真让人心动！

一些延长寿命的研究发现，动物往往以减少活力和精力来换取更长寿命。

现在呢？基因突变的果蝇寿命更长，也活得更好。80%～90%的普通果蝇死亡时，这些基因突变的果蝇仍然活得好好的。

专家们还证明了基因突变的雌果蝇一生都能繁殖，它们有能力施展果蝇的那种错综复杂的求爱术，一辈子能产多达2000粒卵子, 比正常果蝇的1300粒多得多。真正是"活到老, 生到老"。

其他研究也发现, 果蝇和线虫体内也有长寿基因。也有人以老鼠做试验, 发现限制热量——严格的节食可以延长寿命50%。

如果我们在人体内部也找到这种基因, 我们就可以很轻松地突破人类现在的寿命极限了!

▼ 严格的节食也可以延长寿命

永生细胞——长生不老的希望

"我还没死"基因可以使人的寿命加倍，但是，即使是寿命加倍也不过才能活到一百五六十岁啊，拥有无尽的生命才是人们一直以来孜孜不倦追求的目标。为什么人到了既定寿命一定会迈入死亡呢？我们怎样才能真正长生不老呢？

人体衰老是由于人体细胞分裂更新速度变慢造成的

中国在人类遗传资源保存建设方面取得重要进展，利用 EB 病毒转化 B 淋巴细胞为永生细胞的技术建立了中国不同民族永生细胞库，其中包括 58 个民族群体（含民族支系）的 3119 株永生细胞株，并保存了 6010 份 DNA 样本，为分析我国各民族若干重要致病基因和易

人为什么会死呢？一般说来，人体衰老是由于人体细胞分裂更新速度变慢造成的。简而言之，是细胞发生老化导致生命里程缩短。在细胞死亡之后，生命自然也走到了终点。所以，解决这个问题的关键就是是否能找到一种永久不死的细胞。

永生细胞在自然界中是存在的。例如，腔肠动物水螅的嘴部器官就是由"永生细胞"构成的，这使得水螅的嘴能不断地"更新换代"，永不衰老；人体中的血液细胞、肠膜细胞也都属于"永生细胞"，它们能够不断分裂，实现自我更新。既然这样，能不能把我们的普通细胞也变成永生细胞呢？这个成果已经由俄罗斯科学院的研究人员研究出来了，他们采用植入基因的方法成功地在人体的结缔组织中获得可持续进行分裂的细胞——"永生细胞"。

感基因的分布特征，研究这些疾病的发病机理、基因诊断和基因治疗提供了理论基础。

▲ 细胞死亡之后，生命也就走到了终点

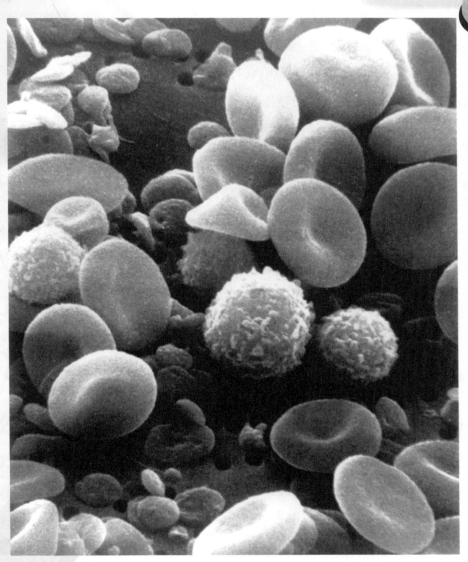

美国国家科学院院刊曾刊载过一篇研究报告,研究发现,科学家通过增加端粒酶可以阻止细胞死亡。端粒酶可以合成端粒,在端粒受损时能把端粒修复延长,可以让端粒不会因细胞分裂而有所损耗,端粒使得细胞分裂的次数增加,从而延缓衰老。端粒酶让人类看到了长生不老的曙光。

既然如此,有没有可能通过科学的手段在人体多个重要的器官中培植"永生细胞"呢?

俄罗斯科学院生化物理学研究所和分子生物学研究所的科学家联手合作,在培育"永生细胞"的研究中取得了突破性的进展。据报道,研究人员通过向人体结缔组织细胞,即成纤维细胞组织中植入某种基因,成功地获得了"永生细胞"。该成果为人体骨组织、韧带等结缔组织的再造或自我更新带来了希望。这次突破为延长人体寿命带来一线曙光。科学家们随后在成肌细胞组织中进行了培育"永生细胞"的尝试,数次努力均告失败。但科学家并没有放弃希望,他们现在仍以动物为研究对象,继续进行各种探索。

如果将我们身体中的细胞都换成永生细胞,我们长生不老的愿望可就真的实现了。问题是,如果我们每个人都不会死，我们又源源不断地养育下一代，而这些小孩也不会死，这样一直发展下去，地球上的人会越来越多，我们的地球又怎么能承受得了呢？不过到了那个时候，人类可能已经能够移居别的星球了，这个问题或许早就解决了！

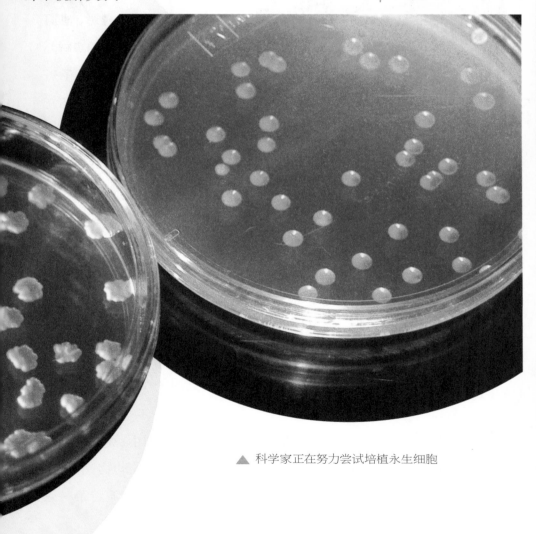

▲ 科学家正在努力尝试培植永生细胞

我们能用一个细胞复制出自己来吗

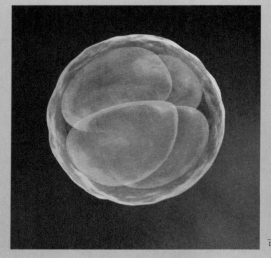

在很多科幻电影里，我们都能看到克隆人的身影，他们有着相同的面容，相同的身材，看见对方就好像是在照镜子一样，这不是一件很神奇的事吗？如果有一天，我们走在街上，突然遇到一个一模一样的自己，该怎么和他打招呼呢？

可利用人的体细胞克隆早期胚胎

什么是克隆呢？克隆是希腊文"klon"一词的音译，原意是用离体的小树枝来繁殖植物。现在，克隆是指无性繁殖，具体地说，是指从一个共同的祖先，通过无性繁殖的方法产生出来的一群遗传特性相同的DNA分子、细胞或个

大家都看过《西游记》，孙悟空能用自己的汗毛变成无数个小孙悟空。什么时候我们人类也能够复制一个自己呢？随着生物技术的发展，科学家们已经可以利用克隆技术，只用一个细胞就把自己复制出来。

早在20世纪80年代，英国和中国就先后利用胚胎细胞作为供体，"克隆"出了哺乳动物。但是，真正意义上的克隆技术是在1996年，伴随着第一只克隆羊——多利的诞生发展起来。

多利的特别之处在于它的诞生没有精子的参与。科学家们首先将一个绵羊卵细胞中的遗传物质吸出去，使其变成空壳，然后从一只6岁的母羊身上取出一个乳腺细胞，将其中的遗传物质注入卵细胞的空壳中。这样就得到了一个含有新的遗传物质但没有受过精的卵细胞。这一经过改造的卵细胞经过分裂、增殖形成胚胎，再植入另一只母羊子宫内。随着母羊的成功分娩，第一只克隆羊多利诞生了。而在此之前的其他克隆动物的遗传基因均来自

体。如果把克隆当做动词用，就表示整个无性繁殖的过程。

▲ 克隆羊多利

复制生命——
探寻基因世界

自然界经常能看到的马铃薯、玫瑰、草莓等都是能够扦插移植的植物，它们天生就具有克隆的能力。而动物的克隆则要复杂得多，中国生物学家曾用胚胎细胞作为供核细胞，培育出了克隆牛和克隆兔。但是，多利羊在技术上的突破之处在于：供核细胞是体细胞。这说明高度分化的动物体细胞的细胞核仍然保持全能性。

胚胎，而且都是用胚胎细胞进行的核移植。胚胎细胞本身就是有性繁殖的产物，它的基因组一半来自父本，一半来自母本，所以这种技术并不是完全的克隆技术。而克隆羊多利的基因组全都来自于单亲，这才是真正意义上的无性繁殖。因此，从严格意义上说，多利才是世界上第一个真正克隆出来的哺乳动物。它的特点就是与为它提供遗传物质的供体具有完全相同的基因，可以说是它母亲的复制品。

随着克隆技术的不断发展，科学家们开始设想，我们能不能把这种技术应用于人呢？科学家采用体细胞克隆技术，利用人的体细胞克隆出早期胚胎，使它在实验室里发育6~7天，然后阻止它继续发育,从中提取胚胎干细胞。这种细胞具备分化成人体各种细胞的能力,我们利用它有可能在体外培育出与提供细胞的病人遗传特征完全相同的细胞、组织或器官的特点,培育出例如骨髓、脑细胞、心肌甚至肝、肾等人体器官,它们可被用于治疗白血病、帕金森综合征、心脏病和器官衰竭等疾病,这将同时解决器官移植的两大难题——排异反应和供体器官严重缺乏。

　　很明显,这种技术可以给我们带来巨大的好处。但是,不可忽视的是,这种技术在伦理上会给我们带来很大的困扰,因此现在世界上大多数国家都限制克隆人技术的发展。

FUZHI SHENGMING —TANXUN JIYIN SHIJIE

◀ 克隆牛

新克隆时代

克隆羊多利的诞生可以说是开创了生命科学领域的一个新时代。从多利羊诞生至今，克隆技术经历了日新月异的发展，并且离我们的生活越来越近。我们可以毫不避讳地说，人类进入了一个新克隆时代。

试管婴儿技术也曾带来极大的争议

2004年8月23日，克林顿政府正式表态支持人胚胎研究；同年12月19日，英国下议院又以超过2/3的票数通过了允许"治疗性克隆"的提案。提出"治疗性克隆"就是不以复制出一个人体为目的，只是进行到可以取得用于治疗的阶段就停止的一

2000年1月14日，美国科学家宣布克隆出了一只名叫"泰特拉"的恒河猴。更重要的是，克隆泰特拉与克隆多利羊的方法完全不同，多利是用细胞核移植技术克隆出来的，而泰特拉则是用胚胎分裂技术克隆出来的。它是由一只健康的母猴的胚胎分裂成四部分而克隆的，这种方法曾用于克隆牛，但第一次用于克隆猴子。这是克隆技术的一大突破。

此外，泰特拉是第一个克隆灵长目动物，而人类在动物学上也属于灵长目，人们自然提出了"克隆人的出现还要等多久？"的问题。如果真的可以克隆

人了,你想不想要一个和你一模一样的你呢?

种克隆方式,这种方式可以消除人们在伦理上对克隆人的争论。

　　虽然世界上大多数国家都已经立法禁止克隆人,但是英国罗斯林研究所的一位科学家却想改变英国法律,希望允许在克隆研究中能够利用6天大的人类胚胎。这位科学家争辩说:"说起胚胎,人们想到的是一个极小的婴儿,想到头、臂和眼,但这是不正确的。这些细胞还未真正开始分化,还没有神经系统,事实上再过几周也没有成型。"英国纳菲尔德生物伦理道德委员会后来公布了一份文件,表示

FUZHI SHENGMING—TANXUN JIYIN SHIJIE

▼ 克隆技术可以用来保护珍稀濒危的物种

复制生命——
探寻基因世界

在农业方面，人们利用"克隆"技术培育出大量具有抗旱、抗倒伏、抗病虫害的优质高产品种，大大提高了粮食产量。在这方面我国已迈入世界最先进的行列。在医学方面，人们正是通过"克隆"技术生产出治疗糖尿病的胰岛素、使侏儒症患者重新长高的生长激素和能抗多种病毒感染的干扰素等。

支持克隆人类胚胎的研究，但强调只能利用流产的胎儿和捐赠的冷冻试管胚胎。英国政府打算在公众中展开辩论，以说服人们：克隆人类胚胎与克隆人不是一回事。

历史上的输血技术、器官移植等，都曾带来极大的伦理争论，而当首位试管婴儿于1978年出生时，更是掀起了轩然大波。但现在，人们已经能够妥善处理这一切了，这表明在科技发展面前不断更新的思想观念并没有给人类带来灾难。就克隆技术而言，"治疗性克隆"技术的出现，将会在生产移植器官和攻克疾病等方面获得突破，给生物技术和医学技术带来革命性的变化。

克隆技术在农业领域可以用来培育优良品种，也可以用来保护珍稀、濒危的物种。其实，克隆最大的用处还在于可以克隆出我们人体的器官，当我们身体的某一个器官损坏时就可以及时更换了。中国科学家在这方面也不甘落后，他们已经掌握了人类体细胞克隆囊胚（指即将植入子宫内膜的胚胎）技术，今后将利用囊胚建立胚胎干细胞，培育皮肤、软骨、心脏、肝脏、肾脏、膀胱等组织或器官。

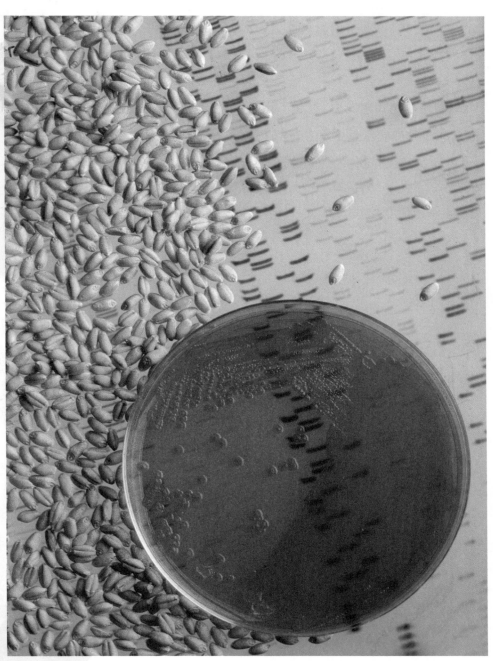

▲ 克隆技术可以提高粮食产量

复活的木乃伊和猛犸

遗传学的飞速发展，引起了世界上许多有识之士的担忧，如果突然从遗传学工程实验室里跑出了恐龙、史前翼鸟……到时候，又能将它们安排去哪呢？它们的出现会给自然界的食物链带来更新还是造成毁灭呢？

埃及木乃伊

在遗传学上有一个经典的公式：外型＝基因型＋环境。也就是说，我们身体的各种特征并不是完全由基因决定的。克隆所能够达到的只是与生物体的基因完全相同，但是，我们生存的环境是无法复制的，我们的思想和灵魂也

大家对木乃伊都很熟悉了，古埃及的贵族死后，遗体就被制成木乃伊，保持几千年都不会腐烂。

猛犸是一种很早就在地球灭绝了的动物。猛犸的形态和大小跟现代的大象相似，但它全身都有长毛，生活在寒冷地带。1979年，在苏联西伯利亚地区的冻土层里发现了一头猛犸的遗体。由于西伯利亚气候非常寒

冷，就和在冰箱中一样，所以猛犸的遗体保存得非常完好，肌肉都还是红色的。

说了这么多，和我们现在谈的基因工程有什么关系吗？

我们已经了解了克隆技术，只要有一个活着的细胞，我们就可以通过这种技术复制出一个和原来

是不能复制的。克隆人可能具备了与主体一模一样的相貌"天资"，却不可能与被复制的人一样，拥有同样的后天经验、阅历、技能和知识。

▼ 猛犸

个体一模一样的个体。于是科学家们设想，如果我们能从木乃伊和猛犸身上找到一个还活着的细胞，我们就可以复制出一个跟木乃伊和猛犸完全一样的个体来。

科学家果然发现了这样的细胞，在柏林古物博物馆中存放的第721号木乃伊的细胞仍有生命力。这具木乃伊是一位死于2430年前、仅1周岁的古埃及王子的尸体。科学家认为，通过细胞核移植有可能在一位现代妇女体内孕育出下一个"年龄"是2430岁的埃及王子。这是一个多么奇妙的设想啊！

同样，假如从西伯利亚猛犸遗体上找到一块肌肉，使这些低温保存下的肌肉细胞在实验室里开始复活，细胞核里的DNA开始活动，那么复活猛犸就有可能了。设想的办法就是取出猛犸肌肉细胞里的核，移植到去核的现代大象的卵细胞内，再把这个卵细胞放到现代大象的子宫里去，经过一段时间，母象会产下一头跟古代猛犸完全一样的现代猛犸。如果可以用无性繁殖的办法（即核移植）得到一头雌猛犸和一头雄猛犸的话，那么，这两头猛犸便可以进行有性繁殖，繁衍后代，使这一早已在地球上绝迹的动物又能出现在我们这个世界上。

同样，利用这种技术，我们可以想像一下，如果在某个恐龙蛋化石里找到一个还有生命力的细胞，进而利用这种技术克隆出一大堆恐龙来，那将是一种什么样的情景啊！

▼ 恐龙蛋化石

如果我们复制出一个爱因斯坦来，这样我们的科学技术能够更快地发展吗？我们已经知道，克隆可以制造出一个和个体完全一样的复制品来，但是这个完全一样只是停留在外表上。对于这个复制品的性格、学识都是后天得到的，并不是天生就能够得来的。所以中国古代大文学家韩愈说："人非生而知之者，孰能无惑？"所以说，克隆出一个一模一样伟大的爱因斯坦的想法是不可能实现的。

克隆技术可以使我们永生吗

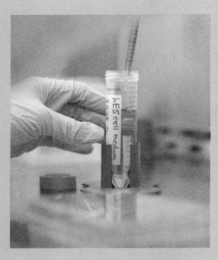

传说秦始皇曾派人渡海去东瀛探访长生不老药；后来有了炼丹术，不少皇帝痴迷炼丹不上朝，希望自己能够长生不老。据史料记载，有不少皇帝正是因为服用丹药而一命呜呼的。事隔多年，如今有一种能使人长生的技术正在热闹登场，这就是克隆技术。

克隆技术的出现打破了生物界传统的有性繁殖方式

为什么科学家没有去克隆人呢，这主要考虑的是克隆人究竟是不是"人"，他们享不享有和自然人一样的权利；克隆人与母体是什么关系；克隆人还存在极大的危险性，可能会在克隆的过程中发生变异。但是当你的女儿需要骨髓移植而没有人能为她提供时；当你不

克隆技术的出现打破了生物界传统的有性繁殖方式。例如多利羊起始于另一只羊的一个乳腺细胞核，它的基因组成与提供乳腺细胞核的那只羊完全一样。于是，人们就想当然地认为，这两只羊就相当于是同一个个体。

既然羊可以克隆，从理论上来说，同为哺乳动物的人也应该可以通过克隆的方式而产生。如果从"我"的体细胞中再克隆出一个人来，这个

人就相当于是另外一个"我",它犹如是"我"的化身。不止孙悟空才能有72个化身,看来凡夫俗人借助科学,也能拥有几个化身,岂不美哉!想到"我"的灵魂还能在另一个身体上重现,不就等于说,"我"的肉体死后,"我"的灵魂还能在另一个个体上延续,岂不等于永生?眼看着现代的克隆技术就要使人类长

幸失去5岁的孩子而无法摆脱痛苦时;当你想养育自己的孩子又无法生育时……也许你就能体会到克隆技术的巨大科学价值和现实意义了。

▼ 克隆技术对于骨髓移植有巨大的科学价值和现实意义

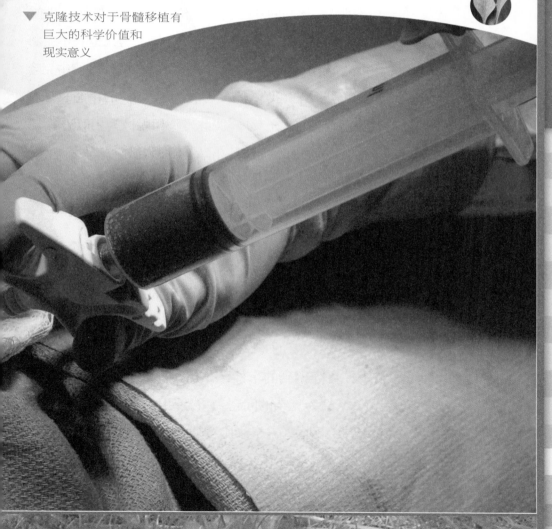

FUZHI SHENGMING——TANXUN JIYIN SHIJIE

复制生命——探寻基因世界

有两类细胞可以无限分裂：生殖细胞和癌细胞。因为它们的体内有一种端粒酶，能随时补充已被消耗的端粒，这就是它们走向永生的基础。癌细胞是发生突变的体细胞，癌细胞之所以可怕，就在于它们是不死的细胞，它们在正常个体内，表现出极端的自私性，拼命繁殖，耗尽养料，最终在毁灭个体的同时，自己也同归于尽。所以，不死性有时也是一种相当可怕的特性。

生不老的愿望梦想成真，不少人欢呼雀跃，有的媒体更是亮出"克隆一个你，让你领回家"之类的口号。

然而，情况远远不是如此简单。首先，克隆得到的个体，尽管与其供体在基因组成上完全一致，但是，他们的意识、灵魂仍然是独立的。其实生活中早已存在这种遗传组成完全一致的个体，如同卵双胞胎，他们的基因就完全相同，但他们却是彼此独立的个体，谁也不能代替谁说了算，旁人也决不会将他们混淆。在此意义上，即使从"我"的体细胞中克隆出了另一个"我"，他又怎能继承"我"的喜怒哀乐，替我生活呢？充其量，彼此只是相貌极为相似罢了。

另一方面，需要克隆的体细胞必须植入一个去核的卵母细胞中，才能进行分裂发育。这个去核的卵母细胞中还有细胞质，细胞质中含有少量的基因，它必定会对体细胞的发育产生影响。所以，克隆得到的个体从遗传上来说，就不可能与原来的供体细胞完全一致，只能说似乎一样罢了。

更重要的是，科学上还存在这样一个问题：克隆得到的个体，其年龄该如何来算？这是一个颇为复杂的问题。它涉及生殖细胞与体细胞的本质区别，每一个细胞都通过分裂来繁殖自身，但这种分裂不会无休止地进行。换句话说，细胞是有一定寿命的，决定寿命的开关位于细胞核染色体的端粒上，端粒就存在于每条染色体的两端，细胞每分裂一次，这种端粒就会少掉一点，等到端粒全部耗尽，细胞就停止分裂，它的寿命也就终止了。

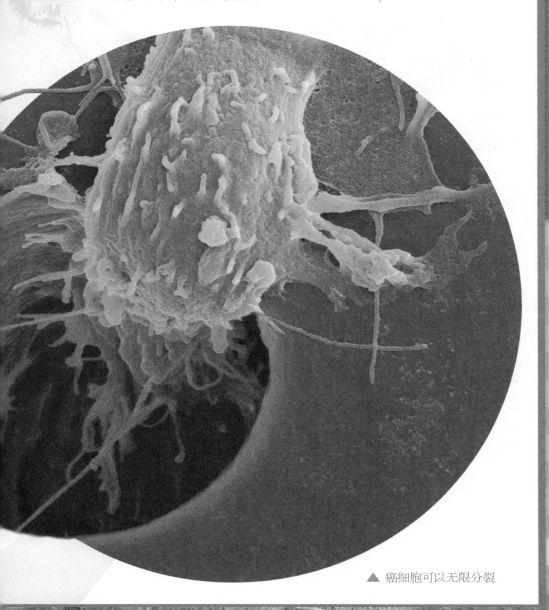

▲ 癌细胞可以无限分裂

细胞工程

细胞是生命活动的基本单位

七巧板是中国传统的智力游戏，简简单单的七块板经过巧妙的组合可以拼凑出各种花样的图案，这些变化多端的图案其实就是由最基本的几何图形组成的。构成生物体最基本的物质是细胞，我们是否也能像拼七巧板那样随意组合细胞呢？

地球上的生物，除了病毒等少数种类以外，几乎所有的生物体都是由细胞所构成的。构成生物体的细胞很微小，几乎无法用肉眼观察到，绝大多数只能在显微镜下才能看到。生物体的生命活动都是在细胞内进行的，细胞作为生物体的结构单位

基因工程现在已经渗入了我们生活中的各个角落，但基因工程有一个非常致命的弱点，那就是在基因工程的各种操作中，非常容易出现失误，一不小心，所有的工作都白做了，所以基因的转移效率非常低。换句话说，就是这种试验非常不容易成功。为了解决这个问题，生物学家们经过不断的研究探索，终于又发明了一种新的技术，那就是现在我们要讲的细胞工程。

在讲细胞工程之前，我们先来看一看细胞是什

么? 其实, 细胞就是组成我们身体的最基本的物质, 是生命活动的基本单位。细胞工程就是指在细胞水平上的遗传操作, 也就是通过细胞融合、核质移植、染色体或基因移植以及组织和细胞培养等

和功能单位, 以分裂的方式进行增殖, 产生新的细胞, 补充衰老和死亡的细胞, 让生物体进行正常的生长发育。

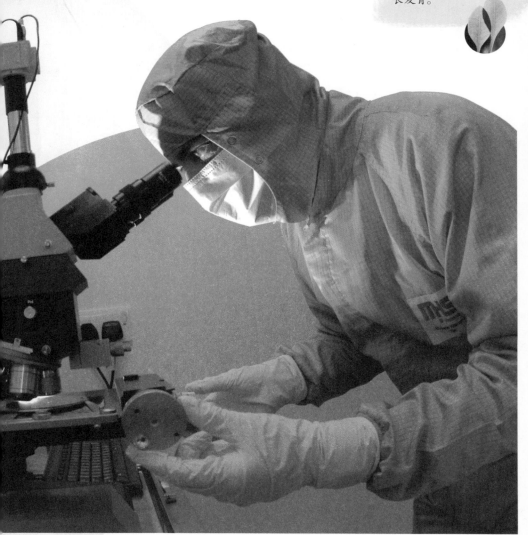

▲ 细胞工程是指在细胞水平上的遗传操作

随着细胞生物学和分子生物学的迅速发展，20世纪80年代初出现了细胞工程的概念。细胞工程涉及的领域相当广泛，就其技术范围而言，大致有细胞融合技术、细胞拆合技术、染色体导入技术、基因转移技术、胚胎移植技术、细胞与组织培养技术等。此外，用基因工程和细胞工程的密切配合还能得到一些巨型"超级动物"。

方法，快速地繁殖和培养以获得新型生物或一定细胞产品的一门综合性科学技术。细胞工程可以保证较高的成功率，还可以在植物与植物之间、动物与动物之间、微生物与微生物之间进行杂交，它甚至可以在动物、植物、微生物之间进行融合，形成以前从来没有过的杂交物种。

生物技术发展到今天，细胞成了科学家们随意发挥想像力的乐园，他们甚至把生命像积木那样组装起来，进行细胞水平上的生命组合游戏。生命组合的一个最具代表性的游戏是美国耶鲁大学教授克莱白特·L·马格特和罗伯特·M·彼德斯的杰作。他们在黑毛鼠、白毛鼠、黄毛鼠的受精卵分裂成8个细胞时，用特制的吸管把8个细胞胚吸出输卵管，然后用一种酶将包裹在各个胚胎上的黏液溶解，再把这三种鼠的8个细胞胚放在同一溶液中使之组装成一个具有24个细胞的"组装胚"。马格特和彼德斯把"组装胚"移植到一只老鼠的子宫内，不久后，一只奇怪的组装鼠问世了，这只组装鼠全身披着黄、白、黑三种不同颜色的皮毛。迄今为止，除组装鼠外，英国和美国还组装成功了绵羊和山羊的嵌合体——绵山羊。

细胞工程现在已经成为生物学家手中经常应用的技术之一，今后，在这个领域一定会取得更大的成就！

▲ 细胞成为了科学家随意发挥想象力的乐园

干细胞——细胞工程的重点关注对象

美国《技术评论》杂志每年都会评选出能改变世界面貌的新兴技术，2010年，干细胞技术就荣膺其中。随着干细胞技术被人们不断重视，其广泛的科研和医学价值继而被发现及应用。我们今天就为你介绍一下干细胞。

利用专门型干细胞培育人体细胞和组织

2007年，日本京都大学的山中伸弥团队和汤姆森、俞君英团队，通过插入4个特定基因，第一次成功地将人体皮肤细胞直接改造为功能与胚胎干细胞类似的"诱导多能干细胞（iPS）"。得到的iPS细胞具有胚胎干细胞的两个确定特征：能够不断地自

细胞是组成我们身体的基本物质，它种类繁多，其中最为科学家们关注的一种细胞叫做干细胞。什么是干细胞呢？简单地说，干细胞就是"干什么都行的细胞"，是形成哺乳类各种组织器官的祖宗细胞。

那么，干细胞与我们身体里的其他细胞有什么不同呢？原来，普通细胞经分裂产生后就开始生长，然后再分裂一到两次，每天都重复着这个过程，细胞分裂后其功能会不断退化直至死亡。但是干细胞

与人体中这些正常分裂生长的细胞有所不同：只要条件适合，它们会不断分裂生长，但不会死亡，也就是它们具有"自我更新"的能力。如果对干细胞进行适当的生物化学处理的话，它们还可以从原始状态生长发育为各种类型的体细胞。

我复制；能够变身为人体内的任何细胞类型。该方法没有使用人类的胚胎干细胞，有效避免了复制或摧毁胚胎的道德争议，同时可能达到与胚胎干细胞相同的医疗效力。

　　按照分化能力的大小，干细胞还可以分为全能干细胞和专门型干细胞：全能干细胞具有形成完整个体的分化潜能。胚胎干细胞就属于此类，它具有与早期胚胎细胞相似的形态特征和很强的分化能力，可以无限增殖并分化成为全身200多种不同种

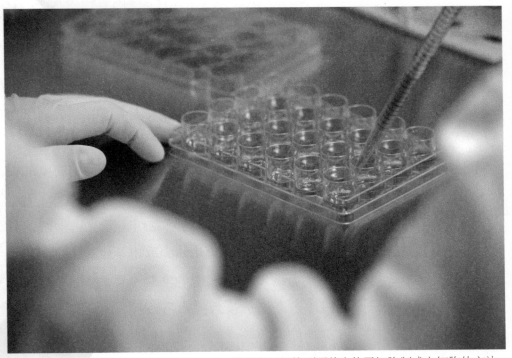

▲ 科学家已经找到了将人体干细胞制成血细胞的方法

干细胞是21世纪生物科学的一个活跃领域，随着研究的进一步深化，这项技术影响深远，在很大程度上会引发医学领域的重大变革。造血干细胞的研究发现最初是用于治疗疾病的成体干细胞，长期以来人们都以为干细胞属于造血系统。随着近年来深入研究，科学家们发现几乎所有组织中都能发现干细胞，干细胞已然成为继人类基因组计划后最具应用前景的生命科学工程。

类的细胞，从而可以进一步形成人体的任何组织或器官；专门型干细胞只能向一种类型或两种类型密切相关的细胞分化。

目前，利用专门型干细胞培育人体细胞和组织的研究已经取得了一定的成果，但利用前景更广阔的还是分化能力强的全能干细胞。如果能源源不断地获得这种全能干细胞，就可以在体外诱导产生不同的组织细胞甚至是器官，以供移植。

有了这种技术，"绝症"这个词就将成为历史了。到那时，换人类器官就像给汽车换零件一样易如反掌，血细胞、脑细胞、骨骼、内脏……人体的任何组织和器官都将可以更换，也就是说我们可以随意地制造出人体的各种器官。

现在，这种研究已经取得了很大的进展。例如，美国科学家们已经找到了将人体干细胞制成血细胞的方法，并完成了人类历史上的首次试验。不久以后，我们就可以通过自己制造血液来满足输血的需要了，人类将有可能获得取之不尽的血源。

另外，哈萨克斯坦的阿克纠宾斯克医学院的科学家从人工流产的胎儿体中取出干细胞，并将其植入被人为诱发肝脏病变的实验鼠体内。干细胞在实验鼠体内渐渐成长为健康肝细胞，7个月后，实验鼠肝脏功能恢复正常。如果这种试验在人类身体上也取得成功的话，肝病患者将为之欢呼！

▲ 干细胞是21世纪生物科学的一个活跃领域

第二代基因工程—— 蛋白质工程

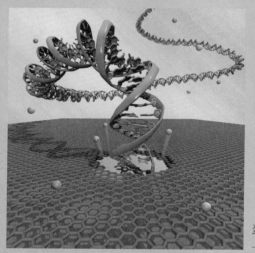

基因工程是利用人为手段给基因做个大手术，得到我们想得到的基因。现在经过生物学家们的研究，在基因工程的基础上又一种新的"工程技术"诞生了，这就是"蛋白质工程"。蛋白质工程较基因工程有着怎样的优势呢？

蛋白质是在DNA指导下合成的一种高分子化合物

蛋白质主要由 C、H、O、N 四种化学元素组成，很多重要的蛋白质还含有 P、S 两种元素，有的也含微量的 Fe、Cu、Mn、I、Zn 等元素。蛋白质在细胞中的含量仅次于水，比其他各种物质都多，大约占细胞干重的 50% 以上。组成蛋白质的氨基酸大约有 20 种。

什么是蛋白质呢？蛋白质是在DNA指导下合成的一种高分子化合物，是一切生命活动的基础，它的基本组成单位是氨基酸。由多个氨基酸分子缩合而成，含有多个肽键的化合物叫做多肽。多肽通常呈链状结构，称为肽链。一个蛋白质分子可以含有一条或几条肽链，肽链通过一定的化学键互相连接在一起。这些肽链不呈直线，也不在同一个平面上，而是形成非常复杂的空间结构。不同的结构使蛋白质表现出不同的生物功能，就像五笔输入法一样，不同的字根组合成为不同的字。但是天然的蛋白质有时在强度、产量或其他方面并不尽如人意，需要我们对它进行一番改造。于是就有了今天的蛋白质工程。

1983年，美国的生物学家厄尔默首先提出了

▲ 蛋白质通常具有不同的结构

实际上蛋白质工程包括蛋白质的分离纯化，蛋白质结构和功能的分析、设计和预测。蛋白质工程有诱人的前景，例如，科学家通过对胰岛素的改造，已使其成为速效型药品。如今，生物和材料科学家正积极探索将蛋白质工程应用于微电子方面，用蛋白质工程的方法制成的电子元件，具有体积小、耗电少和效率高的特点，具有广阔的发展前途。

"蛋白质工程"的概念。蛋白质工程是以蛋白质结构与功能相关的知识为理论基础，通过周密的分子设计，把原先的蛋白质改造为合乎人类需要的新的蛋白质。运用蛋白质工程可以大量生产自然界原先并不存在的、具有新的结构和特性的蛋白质。

其实在蛋白质工程这个概念提出以前，人们就开始有意识地应用这种技术了。1965年9月，中国科学院和北京大学生物系联手，率先利用化学方法人工合成了具有全部生物活性的结晶牛胰岛素，这就是世界上第一次用人工方法合成的蛋白质，人工牛胰岛素的产生轰动了整个世界！除此以外，我国的科学家们在蛋白质工程的运用方面还有更多的突破。2000年11月2日，我国科学家利用电穿孔法，把蜘蛛特有的拖牵丝蛋白基因"打"入家蚕的受精卵中，成功制造出含有蜘蛛丝蛋白的蚕茧，这种蚕茧在紫外线灯的照射下还会发出荧荧的绿光。这种"荧光茧"不仅漂亮，而且完美结

合了蛛丝在强度方面的无与伦比和被誉为"吐丝工厂"的家蚕二者各自的优势。这种技术可以广泛运用于各种领域。

蛋白质工程是在基因工程的基础上发展起来的，在技术方面有许多同基因工程技术相似的地方，因此人们也把蛋白质工程称为第二代基因工程。

▼ 用蛋白质工程制成的电子元件具有体积小、耗电少和效率高的特点

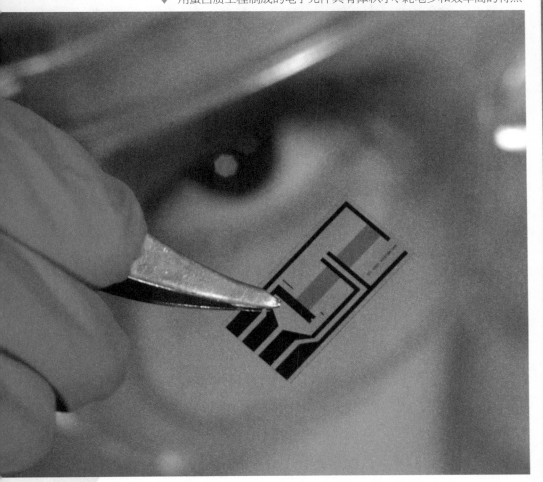

酶工程——建造一个生物体机器

说到工程，我们首先想到的是钢筋水泥，迸溅的钢花，流淌的汗水，热火朝天的场面。殊不知在科技发展的今天，生物体内的种种物质也可以成为大规模生产的工具。我们喝的甘甜可口的果汁饮料，生病时吃的药物，洗衣服用的洗衣粉等，都有新技术——酶工程的应用哦！

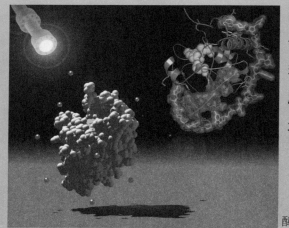

酶在生物体内具有催化的作用

酶的一个非常重要的功能是参与动物消化系统的工作。以淀粉酶和蛋白酶为代表的一些酶可以将进入消化道的大分子（淀粉和蛋白质）降解为小分子，因为淀粉不

我们人体本身是一个十分复杂的生产机器，它生产有机物质的能力连最现代化的有机化工厂也比不上。例如，我们吃进去的食物经过消化分解变成我们身体运动所需的能量，这本身就是一个极其复杂的工作过程。我们的身体能做到这一点，很重要的原因就是在我们身体的细胞内部的某种物质帮了我们大忙，这种物质科学家们给起了个名字

叫做 "酶"。酶有很多种类，而且分工明确各司其责，每一种酶都只管看好自己的"地盘"，决不多管闲事。如脂肪酶只管分解脂肪，淀粉酶只管分解淀粉，等等。

能被肠道直接吸收。酶将淀粉水解为麦芽糖或更进一步水解为葡萄糖等肠道可以吸收的小分子，以便肠道吸收。

▲ 洗涤用品让衣物更洁净

在现有的废水净化方法中，生物净化常常是成本最低而最可行的办法。在微生物的新陈代谢过程，可以利用废水中的某些有机物质作为所需的营养来源。因此利用微生物体中的酶，将废水中的有机物质转变成可利用的小分子物质，同时达到净化废水的目的。人们利用酶工程技术创造高效菌种，并利用固定化活微生物细胞等方法，在废水处理及环境保护工作中取得了显著的成效。

那么，酶到底是一种什么东西呢？原来，酶是一种蛋白质，它在生物体内具有催化的作用。也就是说它们可以提高特定反应的发生速率，而它们本身却不参与反应，并且具有促使反应效率高、条件温和、产物污染小、能耗低和易控制等优点。

既然酶是这么好的一个东西，那么我们可不可以人为地提取出各种各样的酶，为我们的生物工程服务呢？这就要提到酶工程了。酶工程就是利用了酶催化的作用，在特定的生物反应器中，将相应的原料转化成所需要的产品。你们看，这不就是一个大生物体机器吗？

在我们的日常生活中，我们也常常可以见到酶工程的影子。例如，我们平时使用的加酶洗衣粉就是把提取出来的一种酶作为添加剂加入产品中，促进产品与油污等脏东西的化学反应，从而大大提高了洗衣粉的去污能力。就好像一只无形的手在帮你搓衣服呢！这种酶工程的应用还只是最简单的，只要将酶提取出来，做成固体，与产品混合就可以了。但是这样利用酶，只能利用一次，而在其他一些用酶的工厂中，会造成巨大的浪费。

既然酶不参与反应，我们为什么不能多次利用呢？科学家们在实验中渐渐解决了这个问题，例如在用葡萄糖生产果糖的车间里，让葡萄糖溶液缓缓流进装有葡萄糖异构酶的生物反应器，流出来的就是比原来溶液甜得多的新液体——果糖溶液了。

现在酶工程的应用越来越广泛，在制药、食品等行业都可以见到它的影子。例如，菠萝蛋白酶、纤维素酶、淀粉酶、胃蛋白酶等十几种可以进行食物转化的酶都已进入食品和药物中，以帮助许多胃分泌功能障碍患者解除痛苦。

酶这种物质在我们的生活中扮演着越来越重要的角色。

FUZHI SHENGMING — TANXUN JIYIN SHIJIE

▲ 生物净化废水是成本和最低最可行的办法

人工批量产酶妙法
——微生物制酶

酶工程是指在盛有酶的容器——酶反应器中，利用酶的生物催化作用，生产出人类所需要产品的一门科学技术。作为生物工程重要支柱之一的酶工程，真可以说是造福人类，成果喜人。那我们怎么才能得到更多的酶呢？

植物的茎、叶、果等器官中也存在酶

在30亿年生物进化的进程中，人类现今只发现自然界中的1055种功能蛋白和酶。其实经计算300个氨基酸可组成不同序列的蛋白质有约10390种，绝大多数的蛋白和酶仍未产生，有待人类去进行人工定向进化，创造开发新酶类。此外，利用

在我们的身体中含有各种各样的酶，在其他各种动物的脏器和植物的茎、叶、果等各器官中也存在酶。试验表明，以这些动、植物为原料去提取人们所需要的酶，得到的却是微乎其微的，根本就不能满足人们的需要。酶工程越来越重要的同时，我们所需的酶也越来越多，如何大量地提取酶自然就是一个非常关键的问题了。目前，已知的酶有8000多种，我们是否还有别的办法获得更多的酶？

酶存在于各种生物体中，那么，在微生物体内

存不存在酶呢？生物学家们以这个思路进行深入研究，发现在不同的微生物体内也存在着各种各样的酶。而且，微生物的繁殖非常迅速，例如，细菌每隔20分钟就可以繁殖一代，一小时繁殖3代，24小时可繁殖72代，要是一个也不死，重量将达到4722吨。利用微生物的这种繁殖

天然酶的多样性，通过靶子基因的定点突变噬菌体展示技术，结合化学修饰技术，赋予酶新结构、新特性，改进酶的催化功能，使酶制剂工业进入一个崭新的时代。

▲ 利用微生物实施酶的生产

速度,实施酶的生产可谓多快好省,收益良多。

　　不仅是数量上有优势,微生物的培养还易于控制,微生物本身也容易改造。随着基因工程的不断发展,我们不仅能大幅度提高微生物体内酶的产量,而且还能使经过基因改造的微生物生产出动物和植物才能生产的酶。例如有一种α—淀粉酶,本

▼ 微生物制酶
技术可以大
量生产我们
所需的酶

是地衣芽孢杆菌生产的，而通过基因工程的技术就可使枯草杆菌生产α—淀粉酶，这使淀粉酶的产量提高了2500倍。又如有一种人尿激酶，本来只存在于人的肾脏中，无法提取。但从人的肾脏中分离出人尿激酶基因，将这种基因与质粒bBR322进行重组后，就能使大肠杆菌生产人的尿激酶。

有了利用微生物制酶的技术，就可以大量地生产出我们需要的各种各样的酶。但是，只是把酶提取出来并不能解决问题。酶是一种非常娇气的东西，只能在特定的条件下才能发挥作用。如果温度或酸碱度不合适，很容易被破坏而丧失活性，而且经常是不可逆的。所以，我们还需要对提取出来的酶做进一步的加工。最常见的就是酶的固相化技术，其方法是把酶吸附在固体载体（比方说泡沫塑料）上，或用凝胶琼脂等包埋剂将它包埋起来，给酶穿上一层"铠甲"，使酶既能发挥正常的催化功能，又可受到保护，不会因为环境的变化失活。这样经固定之后，酶就可以反复使用，从而大大提高了酶的利用率和催化效率。

酶工程是将酶学理论与化工技术相结合，研究酶的生产和应用的一门新的技术性学科。包括酶制剂的制备、酶的固定化、酶的修饰与改造及酶反应器等方面内容。20世纪70年代发展起来的基因工程以及近年来发展起来的蛋白质工程技术结合传统的化学修饰的方法，使人们可以按照自身的需要对酶进行定向改造，设计出新型的酶。

工具酶——基因工程的 "剪刀" 和 "浆糊"

科学家们正在致力研究如何修饰酶的化学结构，以便改善酶的性能。利用基因工程大量地生产酶，甚至设计酶的基因，以便人工合成出自然界中没有的酶来。看，生物工程正源源不断地为我们的生活造福！

基因工程具有广阔的发展前景

基因工程的发展前景非常广阔，但是，所有的工程技术的发展都需要依赖于工具的改进，基因工程也不例外。有了基因工程的美好蓝图，还要有施工的工具或器械才行呀。工具酶的发现，就为我们提供了很好的工具。

工具酶的最早发现是在20世纪60年代末至70年代初。科学家阿尔伯和史密斯发现了两种工具酶可以对DNA进行剪切和拼接，另一位科学家内森斯则使用工具酶首开先河，对DNA进行了切割和组合。

基因工程使用的工具酶都具有一个重要特征：即每一种酶都具有自身特定的功能。科学家根据分子遗传学，利用生物化学提取和鉴定酶的技术，找到了一系列基因工程的工具酶。他们有的像"手术刀"，可以进行DNA分子的特定切割；有的像"黏合剂"，可以促进DNA分子之间的黏合和连接；有的像"砌砖机"，可以整合成完整的双链DNA分子。有了这些工具酶，就可以很方便地实施基因工程的美好蓝图了。

工具酶刀

目前用来改造酶分子的方法主要有两种：化学修饰法和生物酶工程法。化学修饰法是用化学方法对酶分子进行改造，即在酶的侧链基团上连接或剪掉一些化学基团，从而改变酶的物理化学性质，最后改变酶的催化性质。生物酶工程主要包括基因工程技术生产酶和蛋白质工程技术改造酶两方面内容。

▼ 工具酶可以对DNA进行切割和组合

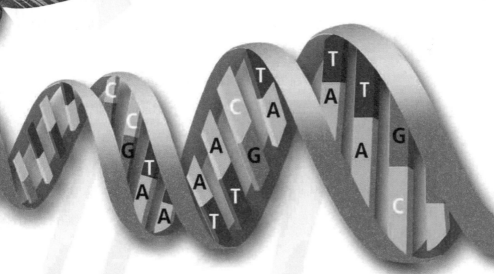

分子剪刀

由于糖尿病患者很多，胰岛素的需要量很大，许多糖尿病患者使用的曾是猪的胰岛素！但猪胰岛素与人胰岛素在化学结构上有一处差别：猪胰岛素B链上最后一个氨基酸是丙氨酸，人胰岛素则是苏氨酸。科学家们采用酶工程的方法，利用专一性极高的酶，切下并移除猪胰岛素B链上丙氨酸，然后接上一个苏氨酸。这样，猪的胰岛素就魔术般地变成人的胰岛素了。

基因工程常用的工具酶主要是限制性核酸内切酶和DNA连接酶，其他的还有末端转移酶、单链核酸酶和反转录酶等。限制性核酸内切酶，简称限制酶，最初是科学家们在细菌中发现的，目前已经发现了3000多种，每一种都有极强的特异性，可以准确无误地进行核苷酸的识别，决不会错切一刀。限制酶如同倚天宝剑，为从细胞基因组中分离目的基因提供了方便。限制酶能够识别DNA大分子链上特定的核苷酸顺序，并能在某一特定部位使DNA断裂。这样，目的基因便有可能完整地存在于某一DNA片段上，便于把它们分离出来。在基因工程中，限制酶是一种必不可少的工具酶，是进行DNA分子切割的特殊工具，有"分子剪刀"或"分子手术刀"之称。

但是，在限制酶把DNA切断之后，虽然在DNA上形成了粘性末端，可以和其他的DNA相接，却不能依靠限制酶来做这件事。这时就需要用另一种工具酶——连接酶了，这种酶也是在细菌中发现的。如果说内切酶是对基因操作的"剪刀"，那么连接酶就是"浆糊"了。

限制酶"剪刀"和连接酶"浆糊"是基因工程的必备工具，为基因工程的发展奠定了坚实的物质基础。

▲ 科学家通过酶工程将猪的胰岛素转变成人的胰岛素

微生物的力量——发酵工程

作为调味品之一的酱油，已经成为人们的菜谱中不可缺少的配料。人类在几千年前就掌握了利用发酵技术制酱的方法，至今仍有不少地方沿用传统的酿造工艺制取酱油。从发酵、晒酱，直到取得成品，至少需要半年到一年的时间！

发酵是酿酒不可缺少的环节

微生物

一提到微生物，有些人就皱起眉头，因为他们想到的只是微生物对人们造成的损害。其实对人类而言，大多数微生物有益无害，功远远大于过。尤其是发酵工程的迅速崛起，正是由于许多微生物不辞辛劳地工作，甚至不惜

说起发酵工程，其实它时时都在我们身边，家里蒸馒头时就要发酵，还有啤酒、面包、酸奶、酱油……发酵在很早的时候就已经被人类所知。在史前时期，人类就能够利用各种不同的微生物去制作一些发酵产品；公元前2000多年，埃及人已酿造出了葡萄酒；我国古代劳动人民，早在4000多年前就在实践中发现了发酵现象，用谷物酿酒的历史甚至可以追溯到新石器时代；就连抗生素、激素、疫苗等，

也都是利用微生物发酵制成的产品。但是你们知道发酵到底是怎么一回事吗？

　　发酵，就是微生物大量繁殖和生长的过程。发酵工程，这一自古就有的微生物工程，就是使微生物在人为控制的最佳条件下，迅速生长繁殖，从而生产出人类所需要的产品。它的主角微生物其实是一种通称，这里的微生物不仅包括了不具有细胞结

粉身碎骨。从由微生物制造的乳酸菌饮料，到高昂的干扰素药品，微生物已经融入我们的日常生活，默默地为我们充当着生产者的角色。

▼ 发酵就是微生物大量繁殖和生长的过程

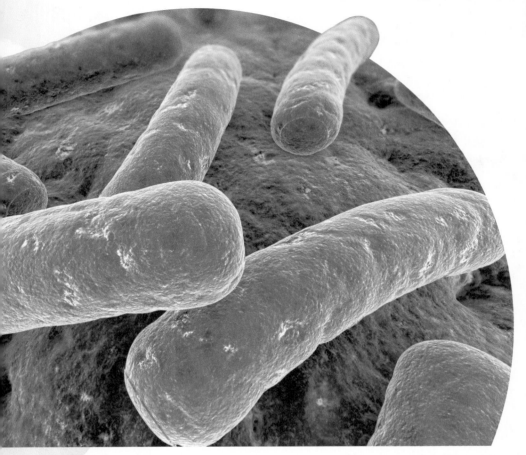

发酵工程

发酵工程是指采用工程技术手段，利用生物（主要是微生物）和有活性的离体酶的某些功能，为人类生产有用的生物产品；或者直接利用微生物参与控制某些工业，生产出有用的生物产品。发酵技术现已经进入能够人为控制和改造微生物的阶段，如利用基因工程的方法有目的地改造原有的菌种，并且提高产量；利用微生物发酵生产药品，如人的胰岛素、干扰素和生长激素等。

构的病毒，单细胞的细菌、放线菌，还有结构略微复杂的酵母菌、霉菌，以及单细胞藻类和原生动物等，这些都可以纳入微生物的大军。

发酵工程的原理大致是这样的：微生物在生活过程中，不断从外界获取营养物质和能量。在适宜的生活环境下，当微生物需要的生活条件得到满足，它们就能顺利生长、繁殖，个体数目迅速增加，它们的代谢产物就不断积累，我们也就能不断地获得发酵的产物。例如，酵母菌能使面粉发酵，供制作馒头、面包之用。

随着现代生物技术的发展，在制药、食品、能源、环境保护和农牧业等许多领域中，发酵工程都得到了广泛应用。发酵工程的步骤主要有哪些呢？一般来说，可以大致分为三步：第一，准备阶段；第二，发酵阶段；第三，产品的分离提取阶段。其中最关键的自然就是发酵阶段了，这是微生物生长繁殖、生产代谢产物的阶段。这一阶段的主要任务是监测和调控最佳环境条件，保证微生物旺盛地繁殖和生长。

发酵工程在工业上一般是使用发酵罐进行，随着对发酵过程调控技术的提高，发酵罐容积也越来越大。现在世界上最大的发酵罐，其容积为1500立方米，有6层楼那样高。

▲ 发酵工程在工业上一般是使用发酵罐进行

发酵工程的微生物"正规部队"

在现代生活中，垃圾越来越多，虽然我们采用掩埋、焚烧等方式对垃圾进行处理，但是这样做同样会带来很多问题：掩埋需要占用大量的土地，而很多垃圾无法自己腐烂；焚烧会产生大量的有害气体。现在有了发酵技术，我们再也不用担心了！

微生物使自然界生态保持平衡

沼气

每立方米沼气燃烧产生的热量和1千克煤燃烧产生的热量是相同的。而且沼气发酵原料来源丰富，农作物秸秆、动物粪便、农副产品、加工的废水废渣、城市生活污水等，只要富含有机物质者皆可，甚至连下水道中的污泥

工业化的大车带动了文明的前进，多少年来，工业所制造的废料也伴随着我们的科技发展日益增加，现代生活中何曾少过污染的烦恼。但在那些工业不太发达的地区却鲜有恶劣的环境，这是因为那些少量的废物都被大自然"消化"了。

大自然拥有这么神奇的净化能力，微生物才是幕后净化力量的主角。

微生物并不起眼，它们默默无闻，吃掉了废物，喝掉了废水，把废渣转化成二次资源供自然界循环，使自然界的生态保持平衡。而工业化大进程所造成激增的"三废"产物，使得弱小的微生物无力回天，打破了应有的环境和谐，人类不得不硬着头皮咽下自己给自己种的苦果。

最终，我们还是要请微生物来帮我们治理环境污染，不过不是那些力量微薄的"游击队"微生物，而是那些经过人类改造过的微生物"正规部队"。

人们利用发酵技术，可以将垃圾变成沼气。沼气的产生主要是一种细菌——甲烷菌的功劳。它分

都可以作为原料。使用沼气也有利于保护生态环境，减少森林砍伐和牛羊对草场的破坏，有利于保护林草资源，促进植树造林的发展，减少水土流失，改善农业生态环境。

▼ 利用发酵技术可以将垃圾变成沼气

习性

到底是什么条件影响了微生物的繁殖？当然是营养。微生物主要的营养物质包括碳化物、氮化物、水、无机盐以及微量元素等，而且不同的微生物彼此所需要的营养条件有或多或少的差别。除了营养，像温度、酸碱度，甚至通风都会影响到微生物的生长。有的微生物没有空气就不能生存；有的通风反而不能生存；还有的通风或不通风都能生存。总的来说，微生物的生长条件非常复杂，我们必须搞清楚各种微生物的生长条件，才能投其所好，用最少的付出得到最大的收益。

解各种垃圾，同时产生了沼气。其实，利用发酵处理垃圾的想法在很早以前就已经诞生了。在1881年，意大利科学家就发表了一篇沼气发酵的论文。1895年，英国人在一个小镇上建立了世界第一个沼气发酵池，以后许多国家相继开展了沼气发酵研究，但是由于技术方面的原因，这种技术一直没有得到大范围的推广。一直到了现代，世界各国为了解决垃圾大量出现和资源匮乏的问题，才开始大规模进行这方面的研究。

沼气发酵的沼液和沼渣富含营养物和特殊的有机物，尤其是小分子有机物，经过发酵之后其中的病菌已被消灭，是良好的家畜饲料添加剂。沼气发酵的综合利用大有可为，也许还可以分离出珍贵的生物活性物质。

但是，沼气发酵还有一些重要技术问题亟待解决：一是沼气池冬季产气少，不

复制生命——探寻基因世界

能四季如常；二是提高产气率，现在一般只能达到理论产气率的40％左右，这要从培育菌种和改进工艺等多方面努力；三是微生物有它自己的"习性"，也就是生活规律，在我们获得收益的同时，必须先满足它们生长繁殖所需要的最佳条件才行。人们还在寻找更加任劳任怨又寒暑不侵的菌种。

▲ 沼气发酵的沼液和沼渣是良好的家畜饲料添加剂

大量生产病毒的克星

流行性感冒是由病毒引起的

"新德里金属—β—内酰胺酶1"，这个名字你可能有些生疏，但"超级细菌"你应该有所耳闻吧！2010年8月，一种被误读成病毒的金属酶开始被媒体"广为传诵"，因为它可以让致病菌变得无比强大，几乎对所有抗生素都具有抗药性，死亡率很高！为什么病毒让人们这么惊慌失措？

流行性感冒、天花、病毒性肝炎，这些疾病都是由可恶的病毒引起的。但是，在很长的历史时期，我们对病毒束手无策。1988年，一场流行性感冒席卷全球，在短短三个半月的时间内夺走了成千上万人的生命，有的城市全民发病。这是多么可怕的事情啊！

近几年来，科学家们找到了病毒的克星——干扰素。科学家们发现，当病毒感染细胞时，细胞会产生一种物质来干扰病毒的新陈代谢，反过来抵御和

干扰素

1957年，英国病毒生物学家和瑞士研究人员在利用鸡胚绒毛尿囊膜研究流感干扰现象时了解到，病毒感染的细胞能产生一种因子，这种因子作用于其他细胞，会干扰病毒的复制，故将其命名为干扰素。

消灭病毒,这就是干扰素了。科学家们把这种物质提取出来,发现它对控制病毒有奇效。1972年,美国医学委员会曾经对几十名志愿参加试验的病人用干扰素治疗,结果95%的病人在3天内痊愈,剩下5%的病人也在几天内出院。科学家们惊呼:我们可以控制病毒了!

但是,这种干扰素的提取太困难了。1979年,芬

1980~1982年,科学家用基因工程在大肠杆菌及酵母菌细胞内获得了干扰素,每1升细胞培养物中可以得到20~40毫升干扰素。从1987年开始,用基因工程方法生产的干扰素进入了工业化生产,并且大量投放市场。

▼ 干扰素对控制病毒有奇效

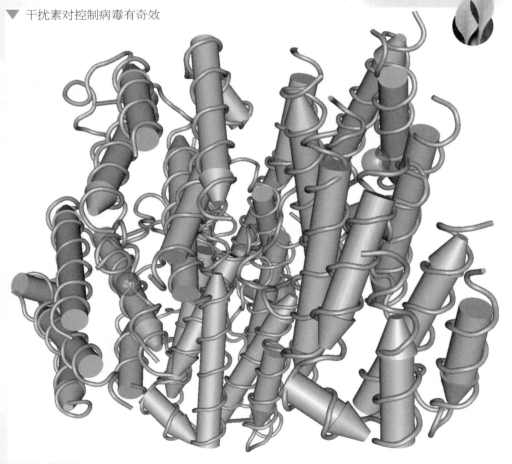

发酵工厂

　　发酵工厂常见的容器是发酵罐，这可不等同于以往传统的发酵容器。发酵罐能进行严格的灭菌，能实施搅拌、震荡，能对温度、压力、空气实施智能控制，实现大规模生产，最大限度利用资源。不要觉得发酵罐只是发酵工程的"专利"，发酵罐是连接发酵工程与基因工程、细胞工程、酶工程的纽带，生物工程中许多地方都少不了它呢。

兰科学家从45000升人血中仅仅提取了0.4克的干扰素。据美国市场价格估计，每三个单位的干扰素就要卖5美元，而一个癌症病人一天的注射量就是300万~500万单位。也就是说，一个癌症病人一天仅仅花在干扰素上的治疗费用就是几百万美元。如此昂贵的价格人们怎么能承受呢！所以，尽管干扰素已经被发现并且提取了出来，却由于造价高昂而久久不能广泛用于临床治疗。

　　现在有了基因工程，科学家们希望利用这种技术把人体细胞中产生干扰素的基因转移到细菌中去，让细菌在发酵工厂中大量生产干扰素。实验证明，这种基因的转移是有可能实现的。法国的科学家将老鼠的干扰素基因转移到鸡的细胞中，结果鸡就产生了老鼠的干扰素。在这个成功试验的基础上，科学家们开始将人的干扰素基因转移到大肠杆菌中去。瑞士科学家在这个方面首先取得了成功。日本的科学家也不甘落

后，利用基因工程生产出了干扰素，经过测定，这种干扰素的成分与我们人体自己产生的干扰素的成分完全相同！基因工程又展示了它的巨大威力！

　　或许有一天，我们再也不会让病毒这个可恶的幽灵肆虐人间了！

▼ 早期的干扰素价格昂贵

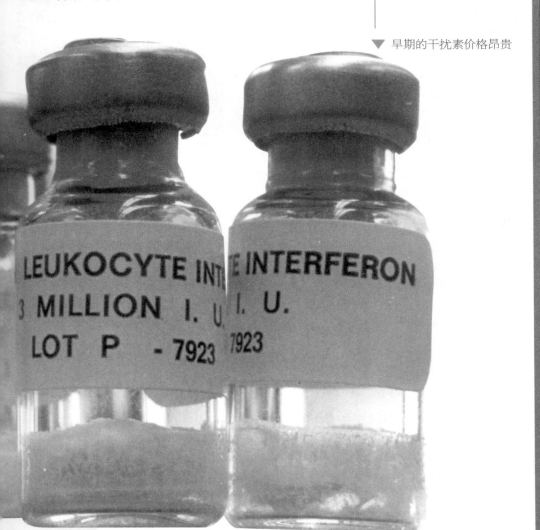

让基因工程与发酵工程"结婚"

一说到结婚，很多人就会想到婚纱、钻戒、鞭炮……我们今天可不是要和你大谈人生幸福，畅游婚姻殿堂，而是想带你去看看生物工程两大"高材生"：基因工程和发酵工程，科学家们正打算为它们俩举行"婚礼"！

21世纪的医药将主要由经过基因工程改造的微生物来生产

基因工程和发酵工程结合

为什么要将基因工程与发酵工程结合在一起？人们希望按照自己的意愿改造物种，可采用基因工程的方法，而基因工程的研究成果，目前大多数需要通过发酵工程来实现产业化。利用基因工程重组 DNA 技术改变生物性状的优势，利用微生物大量快速繁殖的发酵工程特点，可以将两者完美结合。

很多科学研究的成果都来自于两门学科的交叉处，也就是"边缘学科"。生物工程也是如此。如果将生物工程中的几种技术结合起来，是不是能解决更多棘手的问题呢？

现在科学家们已经完成了把基因工程和发酵工程结合起来的试验，从而解决了很多问题。这两种技术的结合主要应用在以下几个方面：首先是通过基因工程将微生物进行改造，使它带有某种基因，从而可以生产我们想要的产品；然后再利用发酵工程，把这种产品大量生产出来。例如，通过基因工程，人造胰岛素、生长激素等物质可以由细菌代为生产，借助发酵工程,产品的数量又可以大大扩展。根据科学家们的预计,在21世纪,我们所用的医药将主要由经过基因工程改造了的微生物来生产。

目前,人体所需的能量主要靠食物补充。但是,实际上补充人体能量的是食物中所含的营养成分,如蛋白质等。于是科学家设想,如果我们能生产纯粹的蛋白质,不是很好吗?在未来,如果利用基因技术能把生产蛋白质的基因转移到微生物身体中去,使微生物能够生产蛋白质,到那时,微生物生产就将成为农业的一个重要组成部分。从产品上说这种生产是为了满足人的食品需要,但从生产方式上讲却又是工

▶ 作为一种补充方式,基因工程与发酵工程不可能完全取代植物生产和动物生产

随着分子生物学尖端技术的崛起和迅猛发展，科学家已经可以应用"分子刀"对在高倍显微镜下都看不到的基因进行剪切、修补和更换，在得到这种产品后再用发酵工程大量培育。这在防止农作物病虫害、改良畜牧品种、生物制药等方面有着巨大的应用价值。因此，人类掌握了这些生物工程的技巧后，利用它趋利避害，造福人类。

业化生产，生产周期短，生产效率高，只占用很少的土地。在土地资源紧张的未来，发酵工程有可能成为解决吃饭问题的替代方式。

当然，这只是一种补充方式，不可能完全取代植物生产和动物生产。如果我们饿了，就只嚼几片干巴巴的蛋白质药片，完全没有了美味可口的蔬菜、小吃，那不是太枯燥无味了吗？

微生物生产也不是十全十美的，一个重要问题就是大多数微生物都是以糖类作为能源和碳源。虽然有可以靠无机物为生的化能营养微生物，也有以纤维素作为能源和碳源的微生物，但是它们的生长速度一般都较慢。科学家希望能通过基因工程组建成既可以利用纤维素，又可以生产我们所需要的产品而且生产效率也比较高的微生物。这并不是不切合实际的空想，完全有可能实现。到那时，发酵工程就更可以大为发展了。

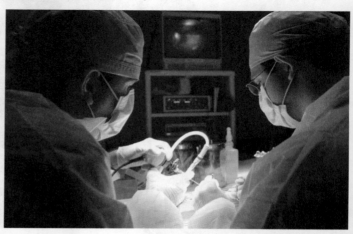

▶ 科学家已经可以应用分子刀对基因进行剪切、修补和更换

第二篇
生物工程对人类生活的影响

植物的新用处——发电和生产石油

石油和电在我们现代生活中扮演着举足轻重的角色，但是，自然界中的石油储量是有限的，我们不可能无限量地开采下去，也不能凭空造电。有什么办法能够获得更多的石油和电呢？生物工程帮助我们把这个设想变成了现实。

叶绿体进行光合作用是植物获取能量的方式

不仅是植物，生物学家们还发现细菌也可以为我们生产石油。有一种叫分枝杆菌的微生物，它能够产生类似于碳氢化合物的霉菌酸，像酿酒、制酱那样，经过酶的催化作用聚合到一起，就得到了一种真正的菌造石油。然后用生物工程的方法，只要大量培养这些能产油的细菌，我们就可以大批地生产这种油了。

"留得青山在，不怕没柴烧"说明了植物在人类生活中最原始的应用——伐薪取火，而且古代造房子、制造武器都少不了植物。但是现在，利用现代生物技术，植物又增加了两种新的用途——发电和生产石油。

这是怎么回事呢？我们先从植物的光合作用说起。我们知道，叶绿体进行光合作用是植物获取能量的方式。植物通过光合作用，把太阳能转变成化学能，以碳水化合物形式贮藏在体内。科学家们就是利用了这个原理，创造了植物的两种新用途。

科学家们收集了很多树叶，把树叶中的叶绿体

分离出来，涂在一种特制的微型过滤薄膜上，将这
种薄膜插在一只容器的中央，使容器一分为二。接
着在两边倒入不同的化学溶液，一种溶液中含有会

这种油很像柴油，完
全可以用在以柴油为
动力的汽车、船舶上。

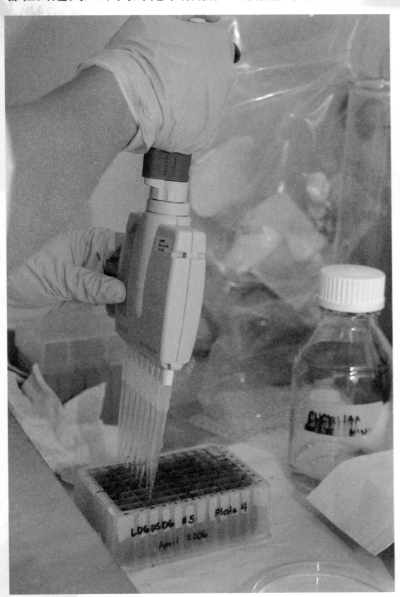

◀科学家分离叶绿
体制造植物电池

植物电池

现在，科学家们已经制成了一个巨大的特殊叶细胞，在里面掺入了大量的植物叶绿体，不仅能利用光线发电，还能在光照后的1小时内，在黑暗中继续保持相同的电压。这种性能优越的植物电池，已引起人们越来越大的兴趣。

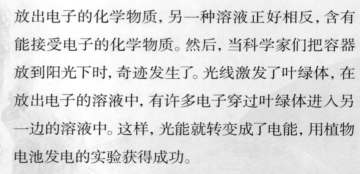

放出电子的化学物质，另一种溶液正好相反，含有能接受电子的化学物质。然后，当科学家们把容器放到阳光下时，奇迹发生了。光线激发了叶绿体，在放出电子的溶液中，有许多电子穿过叶绿体进入另一边的溶液中。这样，光能就转变成了电能，用植物电池发电的实验获得成功。

植物储存在体内的碳水化合物含有碳、氢、氧3种元素，碳和氢可组成烃，而烃就是石油的主要成分。目前各种油田中的石油，都是由各种被埋在地下的生物，经过几千万年的地下沉睡转化而来的。

看来，石油与生物是有密切关系的。于是，科学家想找一种能直接产生出烃的植物。在对无数植物种类进行了研究之后，科学家们终于找到了一种能生产大量烃的植物——金鼠树，这种树的茎叶里充满白色乳汁，乳汁中2/3是水，1/3是烃！科学家们把乳汁中的烃提取出来，成为植物汽油，加入汽车油箱，就像从石油中提炼的汽油一样，同样能发动汽车。

《植物中流出了石油！》这条新闻轰动了全世界。于是，世界各国掀起了一场寻找植物能源的热潮。现在世界上很多国家都加入这个行列，希望能够找到替代现在石油的新燃料。

▲ 植物汽油同样能发动汽车

新生态农业

1988年，中国科学家人工合成了抗黄瓜花叶病毒的基因，并且将这种基因导入烟草等作物的细胞中，得到了抗病毒能力很强的新品系作物。利用生物工程，我们在农业生产上还可以实现更多诱人的想法，你有什么好的想法？

杂交芹菜难以大规模种植

科学家把一种固氮菌引入胡萝卜的细胞，又把豇豆根瘤菌引入小麦和油菜的细胞，使双方结成合作伙伴，能够做到"互通有无"，形成一种共

我们吃的菜需要有种子才能种植，种子的发明还有一个小故事呢！美国人很喜欢吃芹菜，他们大力发展种植芹菜的技术。为了使芹菜更加美味，他们发明了一种杂交芹菜，这种芹菜长得又大又嫩，味道好极了。但是，这种芹菜有一个非常严重的缺点，它不能大规模地种植。为什么呢？就是因为它

的种子太难收获了，种子小，发育慢，因此种子的价格非常高。

　　为了让种植的庄稼获得更高的产量，农民总向地里喷洒大量的化肥，为庄稼的生长提供丰富的营养。但是，化肥施多了，会对土地产生非常不好的影响，它会使地面板结，不能再种庄稼。

　　传统的农业经常会遇到类似问题。现在，科学家们利用生物工程的方法改善生产，在农业生产上展现了巨大的潜力。1989年，中国科学家成功地将人

生关系，解决了植物化肥的问题。将芹菜幼苗的嫩茎切成极小的碎片，然后把这种碎片放在特定条件下，诱发形成有生根发芽能力的胚状体，然后再用一种比较坚硬的聚合物包裹在外作为人造种皮，一个像小鱼肝油丸一样的胶囊种子就这样造成了！

▼ 施肥过多会造成土壤板结

107

复制生命——探寻基因世界

桑基鱼塘

"桑基鱼塘"的生产方式是：蚕沙（蚕粪）喂鱼，塘泥肥桑，栽桑、养蚕、养鱼三者结合，形成桑、蚕、鱼、泥互相依存、互相促进的良性循环，还避免了水涝，营造了十分理想的生态环境，同时收到了理想的经济效益，减少了环境污染。它的特点是：①种桑与养蚕、养鱼相结合，生产关系紧密。②植物与动物互养，形成良性的生态循环。③塘与基合理分布，水陆资源相结合。

的生长激素基因导入鲤鱼的受精卵中，培育成转基因鱼；1993年，我国研制的两系法杂交水稻开始大面积试种，与原来的三系法杂交水稻相比，平均每公顷增产15%；1995年，中国科学家将某种细菌的杀虫蛋白基因导入棉花，培育出了抗棉铃虫效果明显的新品系棉花……

20世纪60年代以来，人类面临的环境问题日益加剧，环境污染、人口激增、资源匮乏、粮食短缺等问题都需要一一解决。近年来，科学家们的研究已经取得了显著的进展。我国推行的生态农业已经取得了令人瞩目的成就，珠江三角洲地区的桑基鱼塘就很成功。珠江三角洲地势低洼，常闹洪涝灾害，当地人民根据地区特点，因地制宜，把低洼的土地向下深挖为塘，饲养淡水鱼；又将泥土堆高，围绕在鱼塘四周形成塘基，然后种上桑树，还能减轻水患，可谓一举两得。桑基鱼塘是充分利用土地而创造的一种挖深鱼塘，是一个高效人工生态系统。这种池中养鱼、池埂种桑的综合养鱼方式，一举两得，经济效益非常好，还带动了缫丝等加工工业的前进，逐渐发展成为一种完整的、科学化的人工生态系统。

生物科学的迅猛发展对人类社会造成巨大的影响，在其他许多领域也取得了令人鼓舞的进展，向人们展示出它美好的前景。

▲ 新生态农业强调相互依存和相互促进

"炼"出金属的细菌

据1967年统计资料显示，国际上每年用细菌炼铜量高达32吨，占整个采铜量的20%。现在，细菌不仅可用于"炼"铜，还可用于富集某些其他金属元素，如镍、钴、铅、镉等。但这种用细菌"炼"金属的现象到底是怎么一回事呢？

利用氧化亚铁硫杆菌可以对铜矿石进行加工处理

细菌还可以生产食用油。我们炒菜时要放食用油，平时做的一些糕点、小吃也是离不开食用油的。一位生物学家从天然气井周围的土壤中，发现并分离出了一种细菌——节杆菌。这种细菌竟然能够利用阳光和二氧化碳合成油脂，经过人工培养出来的大量这

在20世纪五六十年代，科学家们就找到一种细菌，利用这种细菌可以提炼出我们需要的金属来。原来，在一定条件下，有的细菌喜欢"吞食"一些稀有元素，并且把这种元素集中在自己的身体中。一旦它们的生活条件发生改变，又会把已经"吃"进去的金属"吐"出来，从而得到我们想要的金属。根据细菌这种特性，人们研究出一种新型的冶炼技术，并且开始投入使用。

现在微生物学家们已经分离出了一些具有这种功能的细菌，这些细菌能够在高浓度的金、铂离子

中生长，而且能够"吞食"金和铂。由于细菌容易培养、加工和处理，提取金属的成本十分低廉。俄罗斯现在已经建成了一座利用细菌"冶炼"铜矿的工厂，他们将一种叫做氧化亚铁硫杆菌的细菌引入到地下的水池中，让其大量繁殖，然后将铜矿石放到水池中浸泡。经过一番处理之后，就能得到粉末状的金属铜了。

细菌的这种特性不仅可以应用在冶炼业上，还可以应用于其他方面。

首先，我们可以让它在开发海洋矿藏中大显身手。在地球上，海洋占有70%的面积，而且在如此浩

种菌体中，油脂的含量高达85%以上。采用化学方法——溶剂萃取法，就可以把细菌中的油脂提取出来了。

▲ 我们日常生活中使用的食用油也可以从细菌中提取

盐碱地

盐碱地是盐类集积的一种土壤的称呼，这种土壤里面所含的盐分严重影响到作物的正常生长。根据联合国教科文组织和粮农组织不完全统计，全世界盐碱地的面积为95438万公顷，其中中国为9913万公顷。治理盐碱地的生物改良措施一般有种植耐盐植物和牧草、施绿肥、植树造林工程等。

瀚的大海中，还蕴藏着许多矿藏资源。在海水中已经探明的元素就有60多种，其中大部分还是陆地上储量不多或者不容易提取的元素。但是，这些物质太过分散，很难开采出来。科学家们正在研究如何利用细菌来提取这些元素，一旦成功，我们可以利用的资源就又增多了。

其次，我们还可以利用细菌进行海水淡化。我们知道，由于海水中含有大量的金属离子，不能直接饮用，出海必须自己携带淡水。如果用细菌把这些金属离子分离出来，不就一举两得了吗？然而，目前我们发现的细菌只能吸收钾离子，而海水中还含有大量的镁离子和钠离子，这该怎么办？不用着急，我们现在不是有基因工程了吗？如果我们利用基因工程手段，制备出能同时吸收钾、镁、钠的基因组，然后把它植入到一种细菌中去,创造出一种超级微生物,这个问题不就迎刃而解了吗?

　　稍稍进一步,把这种技术应用到盐碱地的治理中,就可以把这些盐碱地变成良田了!

▼ 细菌可以用于海水淡化

你敢吃"工程食品"吗

　　现在有一个很时髦的词叫做"转基因"，顾名思义，就是将一些生物个体中所包含的基因转入另外的个体中，从而使原来的个体具有一些以前所不具备的特性。你会去尝试这种新的食物吗？

转基因食品在安全问题上需要严格把关

　　1973年美国科学家成功地实现了DNA分子重组实验，揭开了基因工程发展的序幕，意味着人类有能力按照自己的意愿去操作不同的基因。1980年首次通过显微注射培育出世界上第一个转基因动物——转基因小鼠。1983年采用农杆菌介导法培

　　什么是"工程食品"？原来，随着生物技术的发展，科学家制造出一些转基因动物、转基因植物，这种可供人类使用的转基因食品被简称为"工程食品"，因为它们是通过"基因工程"获得的。据统计，目前科学家运用基因工程已经"创造"出来的转基因动物有羊、猪、鸡等，转基因植物主要有西红柿、马铃薯、烟草、南瓜等。人们不禁要问：这种"工程食品"能吃吗？

　　天然的西红柿成熟后很快会变软，极易碰伤，而新转入的基因则能阻止西红柿变软，人体摄入了

这些基因以后，在肠道内被迅速降解，不会对人体的健康产生负面影响。荷兰对引入苏云金杆菌杀虫结晶蛋白基因的"工程西红柿"进行了毒性分析，结果表明该工程食品对人体胃肠道没有什么影响，也没有发现任何毒性和免疫反应，对人体健康是无害的。目前各国对转基因食品都抱着极谨慎的态度，在检测上特别严格。

　　如果为了获得高产，将品种间相互杂交，比如利用西红柿与马铃薯一个在地面上长，一个在地下成熟的特质，给它们相互转入基因以后，可以在同一株

育出世界上第一例转基因植物——转基因烟草。转基因物种到底对我们是利是弊，还需要时间来证明。

▲ 转基因的西红柿不易变软

复制生命——探寻基因世界

尽管转基因技术还有不少安全上的疑点，它对我国仍具有极其重要的意义。我国人口众多，土地资源相对缺乏，粮食生产压力很大，转基因作物能改变食品品质、抗虫、增产、增加作物对真菌的抵抗力、减少水土流失、减少农药使用量，从而带来显著的经济效益。转基因作物还有可能改善人民的健康状况，例如，瑞士联邦理工学院正在培育一种富含维生物A的大米，它可以有效防治失明；中国农科院研究培育了抗乙肝的转基因番茄，已经顺利通过测试。

植株上既长西红柿，又在地下结马铃薯。这种"工程食品"毫无疑问是无害的，并且巧妙地利用了资源。

对转基因动、植物类"工程食品"的研究还刚刚起步，前景非常广阔。但是，需要解决的问题也不少。如新物种该如何命名？操作不当会不会带来负面影响？还有很多问题等待着时间的验证。例如，如果将人体基因转入到羊、猪、鸡或鱼中去，那么吃这种"工程食品"则可能有"同类相残"之嫌，人们在感情上会感到难以接受。若把牛或羊的生长激素基因转入鱼体内，能够使鱼生长速度加快，或体型变

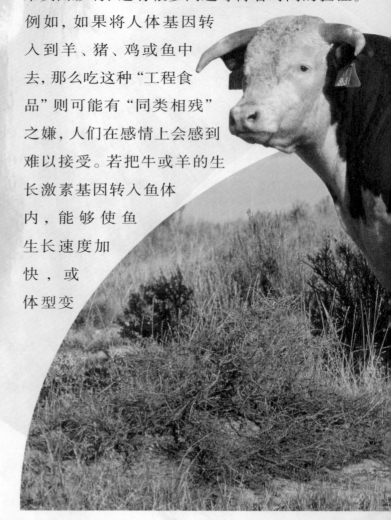

大，那么这种工程食品对食用者则可以认为是安全的，至少在理论上是安全的。但是，为了慎重起见，专家认为对这种转基因鱼还必须进行严格的毒理学研究，获得相关部门批准后方能上市。

另外，我们需要顾及一些人们的习惯，如将动物基因转入到植物中去以后，那些素食者们会不会不满呢?

◀ 尽管转基因牛肉在理论上是安全的，但是仍然引发了人们的争议

走近基因药物

　　我们现在已经可以制造出转基因动物了，转基因动物的一大用途就是可以生产基因药物。从事这项研究的科学家们说，一只转基因动物就是一座天然基因药物制造厂，不仅可以大大降低成本，而且还能够扩大生产，获得更多的基因药物。

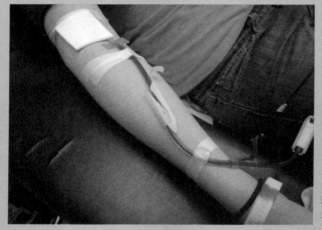

转基因技术或许可以代替献血

转基因动物

　　1996 年 1 月，以色列科学家成功地培育出一只名叫"吉蒂"的山羊，这只羊身上带有人类的血清白蛋白基因。这种白蛋白可用于治疗烧伤、休克，或者在外科手术后用来补偿血液损失，"吉蒂"的身价因此高达数百万美元。

　　利用转基因动物来生产基因药物是一种全新的生产模式，与传统的制药技术相比具有无可比拟的优越性。以美国为例，凝血因子Ⅷ的年需要量约为120克。过去，这120克凝血因子Ⅷ需要120万升血浆提取，以每人献血100毫升计，需600名献血员提供血浆才能满足。如果用转基因牛来生产，一头牛每年的产奶量是1万千克，以每千克乳汁中可制造10毫克凝血因子Ⅷ的话，那就只需1.2头这种牛即可满足需要。再以白蛋白为例，美国的年需要量为100

千克，过去需从200万升血浆中提取，而用转基因牛来生产，以每千克乳汁制造2克的蛋白质计算，只需5000头牛即可解决。

此外，从人血中提取血清蛋白可能发生肝炎、艾滋病等传染性疾病，应用转基因技术制取的血液制品则可避免这些疾病的传染。

进入20世纪90年代以来，转基因动物——羊、牛、鸡、猪等相继培育成功。1992年，英国爱丁堡医药蛋白公司，培育出一只叫"特蕾西"的转基因绵羊，这种羊的奶中含有一种抗胰蛋白酶，有控制人体组织生长的作用。由于这种蛋白酶只存在于人体

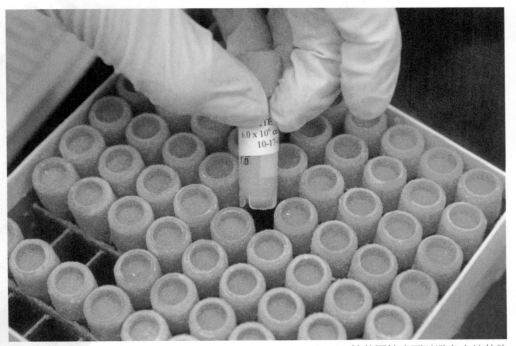

▲ 转基因技术可以避免血液传染

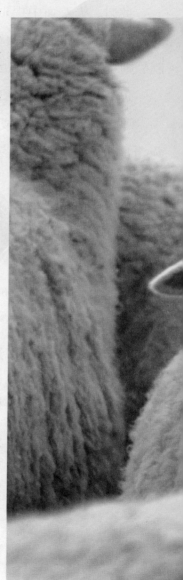

我国科学家将利用基因技术制成可以戒毒的药物。这种药物可以有效地改善吸毒者的身心依赖，解决吸毒者心理成瘾这一全球性戒毒研究的难题，具有使吸毒者彻底脱毒的效果。该药物采用阻断生物钟基因表达的基因疗法，可以阻断生物钟基因参与调控的药物成瘾途径，使药物的心理成瘾被克服。这一成果一旦取得成功，将会是戒毒史上的一大突破。

中，无法用化学方法合成和进行工业生产，因此"特蕾西"在医药界轰动一时，德国拜尔化学公司不惜重金买下了这种羊的使用权。英国爱丁堡罗斯林生理与遗传研究所培育出一只转基因公鸡，它的雌性后代所产的蛋中，含有可以治疗血友病和肺气肿的人体蛋白质。

在利用转基因动物提取药物方面，英国科学家首开先河。1997年年底，英国PPL治疗学公司利用克隆"多利"所采用的细胞核移植法，培育出200头携带人体基因的绵羊，并成功地从奶汁中提取了α－1抗胰蛋白酶。这是科学家首次从遗传工程培育的绵羊奶中，提取可用于治疗人类疾病的药物成分，为建立"动物药厂"奠定了基础。随后，芬兰科学家将人体的促红细胞生长素基因，植入乳牛的受精卵中，创造了一种能生产出促红细胞生长素的乳牛。从理论上说，这种乳牛一年可提取60～80千克促红细胞生长素，比目前全世界的使用量还多。

▼ 转基因动物价值千金

"偶然发现"的青霉素

青霉素是大家所熟知的药品。它是最早问世的抗生素，至今仍在医药界为人类造福，对付许多感染症仍是医生们的首选。青霉素的发明就是发酵工程在药物学方面的首次应用，其实它的发现纯属偶然。

英国科学家弗莱明纪念铜像

20世纪40年代，美国的一家生产青霉素的工厂由于生产手段的落后，使用的发酵容器——培养瓶竟然多达75万只！这在今天看起来的确有些可笑，因为有了发酵工程的帮忙，我们只需要用少数的大型发酵罐就能够生产大量的青霉素。荷兰的一家现代制药厂用14个10万升的发酵罐生产青霉素，那些数量虽多但容积不足的培养

1928年的某天，英国科学家弗莱明在做实验，当他打开接种葡萄球菌的培养皿时，突然发现有一只培养皿长了绿霉，而且在绿霉周围，葡萄球菌不见了，留下了一圈明显的空白区。弗莱明觉得很奇怪，这究竟是怎么回事呢？难道是这种绿霉把葡萄球菌都杀死了吗？他继续研究这一现象，把这种绿霉（正式名称叫做青霉菌）接种到肉汤中，让它们大量繁殖。最后，把青霉菌过滤掉，用根本不含霉菌的滤液做实验。他将这一滤液放进葡萄球菌的培养皿中，几个小时后，葡萄球菌全部不见了。即使将这一滤液稀释几百倍，效果仍然明显。

弗莱明接着用兔子做实验，结果表明，这一物质对兔子无害。由于它源自青霉菌，弗莱明给它取名为"青霉素"，并在《英国医学杂志》上介绍了它的产生和所具有的很强的杀菌能力。

可惜的是，一直到20世纪30年代末期，人们都没有注意到这个伟大的发现。一直到了第二次世界

瓶自然无法相比。从事发酵工程的科学家们还对用于生产的菌株进行反复的选育和改良，最初1升发酵液只能取得60毫克青霉素，现在已经超过了20克。

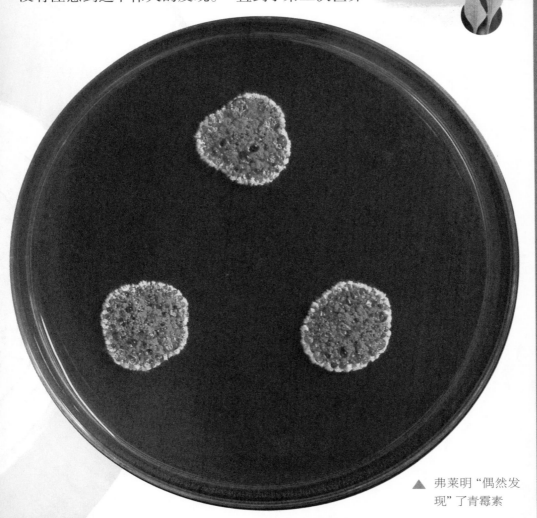

▲ 弗莱明"偶然发现"了青霉素

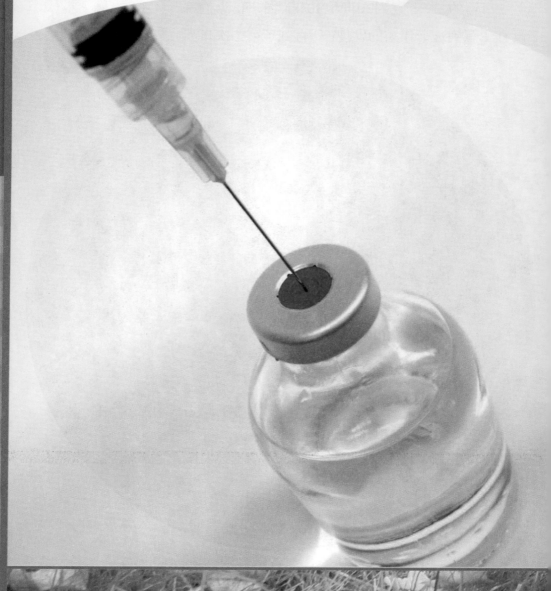

▼ 青霉素在医学界仍然
发挥着巨大的作用

大战的时候, 由于战争伤员众多, 需要大量有效的抗
生素, 人们才知道青霉素这种药物的作用是如此的
强大, 人们开始将青霉素大量用于疾病的治疗。但

是，当时技术落后，青霉素的产量是非常低的，根本满足不了人们的需要。所以青霉素的价格非常昂贵，甚至超过了黄金。这就需要改进青霉素的制作方法，提高青霉素的产量。

借助于现代生物工程，青霉素的产量大大提高。产量从每毫升几十单位，提高到几千单位，几万单位，产量提高了1000倍。现在一个工厂的产量，就相当于从前数千个工厂的产量。到底是什么魔法使得青霉素的产量有了如此大幅度的提高呢？原来，遗传工程学利用X射线、紫外线等对青霉菌进行辐射处理，促使青霉菌大大增加染色体变异的机会，从而培养出更多的高产菌种。

当然，现在已经出现了很多药效超过青霉素的药物。但是，作为人类历史上的功臣，它仍在发挥着巨大的作用。

青霉素

青霉素问世后，抗生素成了人类的神奇武器。现代抗生素的滥用着实是一个问题，虽然新的抗生素层出不穷，但耐药菌也随着抗生素的能力上升而提高自己的抗击打能力。抗生素的普遍使用的确有力抑制了普通细菌的增长，客观上减少了细菌的肆虐，但同时也促进了耐药性细菌的增长。在抗生素的使用上，要有专业严谨的态度，如果不是细菌感染，就坚决不用抗生素。

好吃的水果疫苗

各种可怕的瘟疫、疾病一直以来就是威胁人类生存的最大元凶。当疾病爆发时，就像打开了潘多拉的魔盒，使人间多灾多难。科学家们一直致力于研究各种疫苗，但注射疫苗又不方便，如果疫苗也能像吃饭一样可以食用，那不就更加便利了吗？

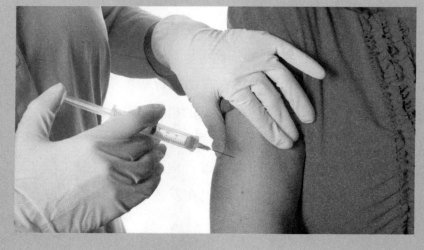

事先接种疫苗可以使免疫系统对这种病菌处于警戒状态

巴斯德和他的助手们从病鸡身上取下细菌，经过培养，给试验用的小鸡食用，小鸡吃了很快死去。巴斯德断定：鸡肠是这种细菌繁殖的地方，鸡粪是传染的媒介。但在实验中，有几只

疫苗的发现为人类应对诸如乙肝、鼠疫等各种各样的传染病带来了福音。但是这些疫苗是怎样发挥作用的呢？这要从疫苗的发明说起。

100多年前，在法国的一个小镇发生了一场可怕的瘟疫。镇里的鸡全都死掉了，没有一只幸免，这就是历史上有名的鸡霍乱病。这引起了生物学家巴斯德的注意，他把死鸡肠肚中的东西放到培养液中，

发现了许多漂浮着的微粒。当他把这种微粒注射到别的动物身上时，这些动物也很快就死掉了。于是他推断，这些微粒就是霍乱病菌，是引起鸡死亡的罪魁祸首。发现了霍乱病菌之后，巴斯德并没有就此止步，而是继续对这种病菌进行培养。经过一段时间的培养之后，他发现，再把这些霍乱病菌注射到动物身上，并不会引起动物的死亡，而且这些经过注射病菌的动物再放到得了鸡瘟的动物群中去也不会死掉了。

接受过菌液注射的小鸡竟然没死。经查得知，这些菌液不是新配制的，而是放置了好几个星期，毒性较小。巴斯德经过实验证明：把微毒菌液注射到健康小鸡的体内，不仅不会使小鸡得病死去，反而能获得不怕传染的免疫力。

事实证明，如果我们事先接种了疫苗，就能使

▼ 科学家提出了"可食疫苗"的设想

乙肝是中国第一大病，几乎每10个人中就有一个乙肝病毒携带者，乙肝疫苗是我们不可或缺的疫苗。现在有了转基因抗乙肝西红柿，虽然不能治愈乙肝，但一年只吃几个抗乙肝西红柿就能代替注射乙肝疫苗。抗乙肝西红柿属于转基因食品，将乙肝疫苗植入西红柿内，经过多代繁殖，使转入的基因稳定化。我们以后就不用承受打针吃药的痛苦了。

我们的免疫系统时时对这种病菌处于警戒状态。一旦这种病毒侵入人体，能及时消灭它们。

但是，各种生物疫苗制造工艺复杂，产量很低，使用起来也非常麻烦。在20世纪60年代末，美国生物科学家罗依首先提出"可食疫苗"的设想，也就是利用重组DNA技术把这些使人体产生抗体的遗传基因导入到一些蔬菜或水果的DNA中，使后者成为一种新颖的"食品疫苗"。人们在食用了这些水果之后，就能够抵御各种相应的疾病了。

到现在为止，西方国家已先后开发出数十种含有病毒（抗原）成分的"可食疫苗"，其中有含HBsAg（乙肝表面抗原）的莴苣、含"耐热肠病毒"的马铃薯、含霍乱病毒的马铃薯、含口蹄疫病毒VPI亚单位的苜蓿（可作为牛、羊、马等大牲畜的饲料，以此预防发生致命的口蹄疫）、含HCMV（人巨细胞病毒）的烟草等。这些可食疫苗还具有耐热性，如土豆疫苗可用常规方法煎、炒、烹、炸成菜肴，仍能保持其中大部分抗原成分。这种疫苗不仅使用方便，而且还解决了在发展中国家存在的针头传染的问题，同时也为那些远离城市、交通不便的地方的人们带来了福音。

▼ 含有乙肝表面抗原的莴苣可以帮助预防乙肝病毒

FUZHI SHENGMING — TANXUN JIYIN SHIJIE

我们可以很轻松地战胜癌症吗

早在距今约3500年的殷周时代，殷墟甲骨文上就已经记录有称为"瘤"的病名，也就是现在所说的癌症。这个字由"疒"和"留"构成，说明了当时对该病已有"留聚不去"的病理认识。到现在，经历了这么多年的发展，我们还在朝着战胜癌症的目标前进。我们梦想着，有一天我们能够像治疗感冒一样，轻易治愈癌症！

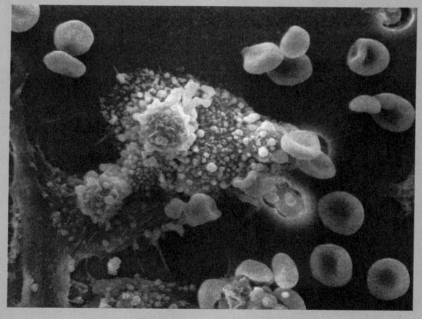

癌症的发病原因就是因为基因突变使正常的细胞变为癌细胞

在全国不少大城市，恶性肿瘤已经超

癌症，这是一个多么可怕的字眼啊！癌症的发病原因就是因为基因突变使正常的细胞变为癌细胞。这种癌细胞不会死亡，可以无限地繁殖下去，从而不断地从我们的身体中夺取营养，直到把人折磨至死，人类鲜有可以彻底根治它的办法。科学家们一直在不断努力希望找到战胜癌症的方法，将治愈癌症变成一件很轻松的事情。

越心脑血管疾病，成为第一死亡原因。近年来癌症死亡人数约占中国城乡居民总死亡构成的 22.32%，癌症死亡率比 20 世纪 70 年代中期增加了 83.1%，比 20 世纪 90 年代初期增加了 22.5%；其中，肺癌、肝癌、胃癌、食管癌、结直肠癌、乳腺癌、宫颈癌及鼻咽癌合计占癌症死因的 80% 以上。

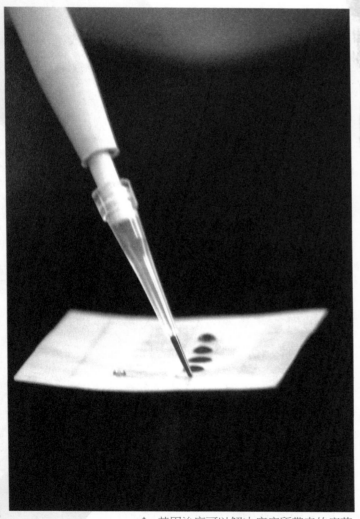

▲ 基因治疗可以解决疾病所带来的痛苦

2008 年 4 月 29 日，"国际肿瘤基因组协作组"在伦敦成立，希望在未来 10 年里，针对肺癌、脑癌、卵巢癌等 50 种癌症共采集 2.5 万个肿瘤样本，测定其相应基因组特征，找到人类致癌基因的"元凶"。目前，癌症已经成为威胁中国居民生命健康的主要杀手，中国每年新发癌症病例 200 万人，因癌症死亡人数为 140 万；中国居民每死亡 5 人，即有 1 人的死因是癌症。

大家知道，我们身体的各种信息都是由基因决定的，正是基因决定了我们的生老病死。现在我们无法治疗的疾病，包括癌症，大部分都是由于基因突变造成的。所以基因组计划的顺利完成，使我们可以利用绘制的基因图谱治疗，使彻底根治癌症以及其他一切我们现在无法治愈的疾病变为可能。

什么是基因治疗呢？基因组计划完成的时候，人类掌握了人体的大部分基因。那么，从基因图谱中找到致病的基因，用基因转移或基因调控的手段，将正常基因转入疾病患者机体细胞内，取代致病的突变基因，就可以治病。这样，病人再也无须吃药或手术，即可解决疾病所带来的痛苦。

这种研究已经开始起步了。在我国，由复旦大学遗传学研究所牵头，已经开始了"乙型血友病基因治疗"的临床试验。乙型血友病是由单基因突变引起的，情况比较简单，是试验基因治疗的理想对象。具体的研究步骤是：先从病人腹腔中取出若干细胞，在离体情况下将正常基因植入该细胞，然后把经过遗传加工的细胞再回植到病人体内。病人体内有了正常基因以后，就能够自己产生凝血因子，从而不再需要输血，使疾病得以根治。这种研究还只是处在实验阶段，但已经可说是重大进展了。科学家们研制出了"重组AAV–2人凝血因子IX注射液"，可以将IX因子基因直接肌肉注射到体内，方法简单，疗效显著。当然，要想真正用于临床治疗，还有很漫长的一段路要走。

　　同样的道理，这些治疗经验会积累得越来越多，总有一天，人们会摆脱癌症的阴影。

▲ 癌症已经成为人类最大的健康杀手

生物导弹要炸谁

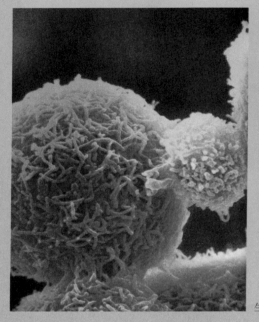

"泰欣生"，这个名字的主人是一瓶瓶看上去普普通通的药水，是国内第一个"生物导弹"——治疗恶性肿瘤的基因重组人源化单克隆抗体药物。它的科技含量有多高？1克黄金的价格在350元左右，而1克"泰欣生"抗体的价格则是七八万元，是黄金的二百多倍。

生物导弹的目标是"轰炸"癌细胞

"生物导弹"是对单克隆抗体的一种形象化说法，因为它能像导弹那样准确地击中目标，而且它是用生物工程方法制造的（其本身当然是生物物质），所带杀伤物是一些生物物质，主要命中的目标也是生物物质，叫做生物导弹是真正名符其实的。

导弹是一种非常先进的武器，有了这种武器，可以做到"指哪打哪"。但是，你们清楚生物导弹吗？它是什么东西？用来炸谁呢？

现代生物学家研究出了一种独特的"生物导弹"，它和军事上的导弹比起来，毫不逊色。不同的是，它不是用来炸人的，而是用来"轰炸"癌细胞的。

人一旦得了癌症，从某个方面讲也许意味着生命即将终结。癌症的罪魁祸首是癌细胞，癌细胞是由正常细胞发生癌变所造成的。癌细胞同我们的正常细胞的不同之处在于,它可以无限增长而不会正常死亡。在人的身体中,肿瘤甚至可以长到几十千克重。癌细胞会不断地和正常细胞抢夺营养成分,自身不断扩散,直到把人体内的能量消耗干净,把人折磨致死。它能越过人体的种种防线,现在的各种放疗、化疗、手术疗法都不能彻底根除,所以人们才谈癌色变。在这种情况下,生物学家们向我们提

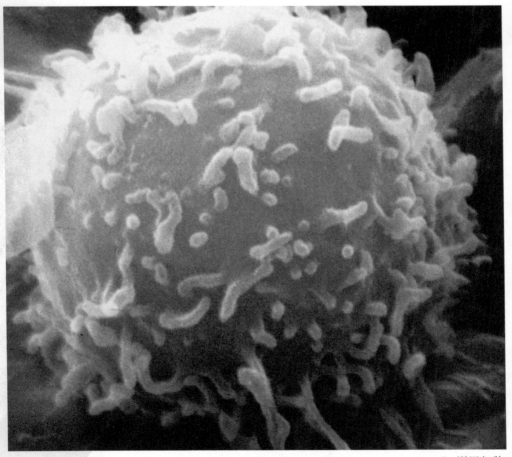

▲ 淋巴细胞

供了一种特殊的武器——生物导弹。

　　这种生物导弹的正式名称叫做"单克隆抗体"，这是细胞工程的产物。大家可能有这样的一种经验：在我们生病之后，有时不吃药就好了。原因就在于：我们身体可以自己制造出抵抗疾病的抗体。经过科学家们的研究发现，我们身体的抗体是由淋巴细胞产生的。一种淋巴细胞可以产生一种抗体，由此想来，我们简直就是一个巨大的弹药库啊！联想到癌细胞是可以无限繁殖的，科学家们就设想将癌细胞同这种淋巴细胞通过生物工程巧妙地结合起来，这样不就可以源源不断地得到抗体了吗？生物学家们用细胞融合技术，将免疫淋巴细胞与癌细胞融合在一起，进行无性繁殖，使之成为单克隆。这种单克隆能够产

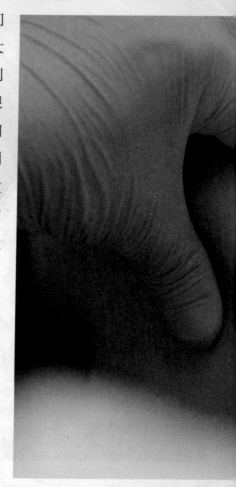

生具有免疫能力的抗体，就是单克隆抗体，用于消灭癌细胞的"生物导弹"就这样制造出来了。

"生物导弹"被送入人体之后，能够像导弹一样，准确地从正常细胞群中找到隐藏的癌细胞的所在之处，迅速扑向癌细胞，并将其在原地杀死；而且不会对正常细胞产生任何破坏作用。待这种技术发展、成熟以后，我们就不用再惧怕癌症啦！

生物导弹在核医学上，特别在人体扫描图技术和肿瘤定位方面已获得很大进展。例如，向病人血液中注射用放射性物质标记的单克隆抗体，抗体将携带的放射活性物质通过全身血液渗透到所有组织。由于肿瘤细胞表面有特异性抗原，可与单克隆抗体结合，因而这种抗体——放射性同位素结合物就不断积累在肿瘤上。应用常规核医学显示微仪器扫描病人身体，就可以在摄影底片上得到放射活性图像，放射活性密集的区域即肿瘤所在部位。

FUZHI SHENGMING—TANXUN JIYIN SHIJIE

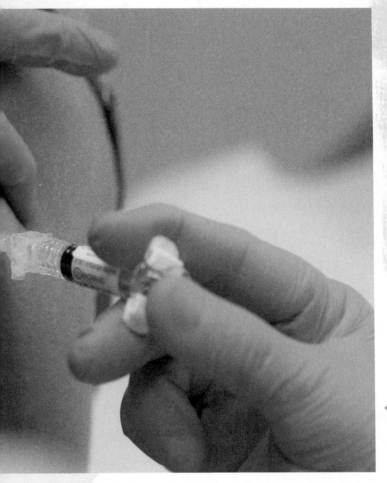

◀ 向病人血液中注射用放射性物质标记的单克隆抗体，将携带的放射活性物质渗透到所有组织

把芯片植入人脑

芯片对于计算机就像大脑对于我们人类一样重要。我们将各种各样的复杂程序、电脑语言都输入到芯片中去，这样电脑才能够处理各种各样的事情。人脑存储的东西毕竟有限，那么我们是否能将芯片植入我们的大脑呢？

芯片能否植入大脑呢？

20世纪70年代，科学家们发现DNA具有一种特性，它处于不同状态时可以表示有信息或无信息。我们现在使用的计算机也是利用有和无这两种状态的转换来处理信息的。根据这个原理，现在已经相继有一些简单的生物电子元件问世，如生物开关元件、生物记忆元件等。随着微

电子技术和生物技术是目前科学界发展最快的两个领域，如果把这两个领域的科学技术结合起来，会不会有什么新的发现呢？

有的科学家设想，将来在进行血液分析的时候，可以把一滴血滴在芯片上，在90秒钟之内，就可以得出各种化验指标。这还只是生物技术和电子技术最简单的结合。

前不久，英特尔公司制造出0.03微米厚度的超迷你晶体管。现在晶体管的体积越来越小，那能不能把芯片植入我们的大脑呢？我们知道，人脑的存储量是无法和电脑相比的，如果能把电脑芯片植入

人脑，将大大提高人脑的功能。

英国雷丁大学的沃里克教授宣布，他将通过外科手术，把一块电脑芯片植入他的脑子中，并且让这块电脑芯片和他大脑的神经相连接。这位科学家表示，这块芯片的主要部分是一个微处理器，上面有微型电池，有一个无线电发射器和接收装置，同时还有一个处理和存储的芯片，芯片和大脑内膜的神经纤维末梢相连接。沃里克表示，目前还不知道他的大脑对芯片的反应如何，如果试验成功，将会对人工智能机器人的研究产生革命性的影响，甚至能导致人类记忆的移植。沃里克做这个试验的目的在于，如果机器人可以自由思考的话，那么人类唯一可以和机器人竞争的方式，就是通过电脑提高人的大脑功能。这个研究也许会带给我们意外的收获，例

电子技术和蛋白质工程这两种高技术的相互渗透，相信在不久的将来，我们就可以看到一种全新的计算机——生物计算机了。

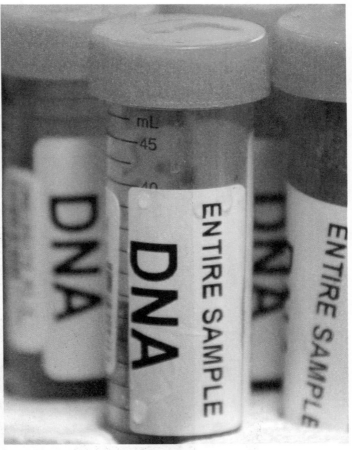

▲ DNA在处于不同状态时可以表示有信息或无信息

在用蛋白质工程技术生产的生物芯片中，信息以波的形式沿着蛋白质分子链传播，引起蛋白质分子链中单键、双键结构顺序的改变，从而传递了信息，这就是生物芯片的工作原理。蛋白质分子比硅晶片上的电子元件要小得多，彼此相距非常近，生物计算机完成一项运算，所需的时间仅为10微微秒，比人的思维速度还快100万倍。而且由于生物芯片的原材料是蛋白质分子，所以生物计算机既有自我修的功能，又可直接与生物活体相联。

▶ 你愿不愿意在你的大脑中植入一个芯片呢？

如可以把整个大英百科全书、英汉字典的芯片植入人脑，参加各种考试的时候一定可以获得高分。

德国科学家已经成功地把蜗牛的多个神经元接在微小的晶体管芯片上，而且通过试验表明这些细胞彼此连接，并与芯片相通，从而创造出了一个部分机械、部分活体的电路。

利用这项技术，可以给病人带来福音，受益的将是老年痴呆症患者。人脑记忆是通过神经元之间的链接完成的，一旦链接松弛脱落，记忆就会衰退。这时如果在脑内植入一种微电子芯片，连接脑内神经元，那么记忆不仅可以恢复，而且还可以加强。

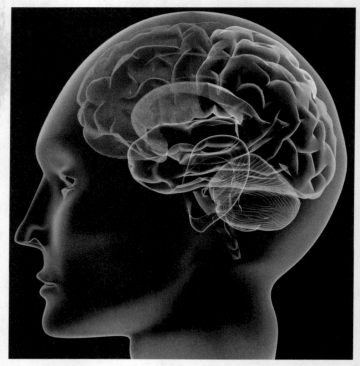

第三篇
生物工程真的能
造福人类吗

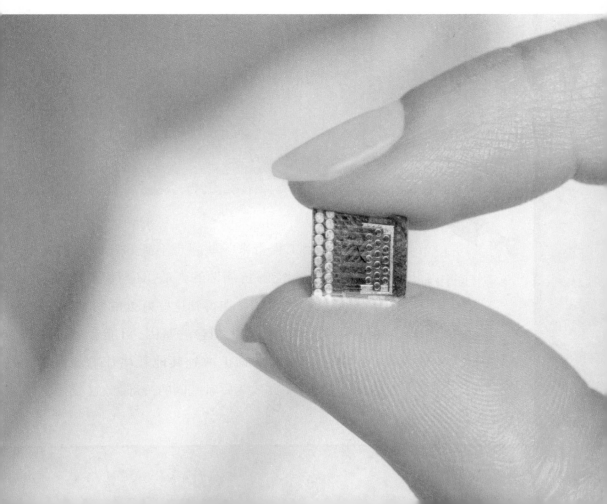

基因污染———一个以前没有注意过的话题

如果我们培育出的老鼠像猫一样大；如果通过基因工程培育出的带有抗除草剂基因的玉米污染了周围的野生植物，从而出现了"超级杂草"；如果我们培育出的基因转移到某些益虫身上，从而影响益虫的繁殖……这是多么可怕的事情啊！

美国由于大面积推广基因工程作物而导致玉米转基因污染

20 世纪 80 年代，各种转基因作物开始进行田间试验。如今，全球共有约 7.9 亿亩转基因作物，相当于一个西班牙国土的面积。从美国的"星联玉米事件"，加拿大的"转基

基因工程带来一些意想不到的好处。例如，我们可以得到能够抗病菌的南瓜，还可以得到像大象一样大的牛。但是，在得到这些好处的同时，也面临着巨大的危险。人工组合的基因，可能会通过转基因作物或家养动物扩散到其他栽培作物或自然界野生物种中，并成为后者基因的一部分，这就是基因污染。

现在基因污染已经发生在我们身边了。在美国，由于大面积推广基因工程作物而导致的玉米转基因污染已经是不可否认的事实。从种植到成品，几乎每一个环节都有可能发生污染。在田间发生杂交是原始的污染，第二次污染则发生在没有清理干净的仓库和运输环节，致使传统作物的种子混杂有基因工程作物的种子。污染如斯，就连最挑剔的欧盟和日本粮食进口商也只好无奈地规定：进口北美传统作物的种子，其中转基因污染不超过0.1%，就算是

因油菜超级杂草"，到墨西哥的"玉米基因污染事件"，越来越多的事实表明，"基因污染"的威胁不容忽视。

FUZHI SHENGMING——TANXUN JIYIN SHIJIE

▲ 德国科学家发现基因工程油菜的转基因已经污染了蜜蜂体内肠道中的微生物

合格的，他们已经不指望能得到绝对纯净的传统作物种子了。

更可怕的是，这种基因污染无孔不入、防不胜防。一些在自然界所发生的基因污染简直不可思议。德国科学家甚至发现基因工程油菜的转基因已经污染了蜜蜂体内肠道中的微生物。基因是一切生命的基本组成部分，而生育后代又是生命的基本特征，生物繁殖的本质就是基因的复制。基因污染是在天然的生物物种基因中掺进了人工重组的基因，这些外来的基因随着被污染生物的繁殖得到增殖，再随被污染生物的传播而发生扩散。因此，基因污染是唯一一种可以不断增殖和扩散的污染，这种污染异常顽固，根本无法清除。

现在，世界上大多数国家都在

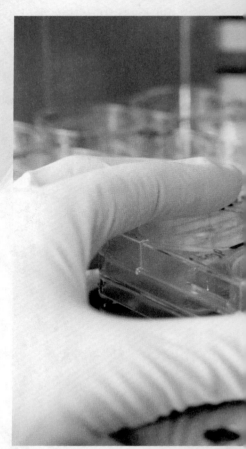

努力避免更严重的基因污染的发生。在20世纪70年代基因工程技术兴起的时候，基因重组实验必须在"负压"实验室进行。在这里设立了各种等级的物理屏障以及生物屏障，以防止基因重组的生物(当时主要都是些微生物)不致进入人体或逃逸到外界。后来对非病原体基因工程实验的规定有所放宽，但有关生物安全的原则仍保持不变。然而，一旦开始种植养殖，这种污染又如何避免呢？

除基因污染外，基因武器的出现也给人类和平和生存环境带来了巨大的威胁。基因武器的使用方法非常简单，而且难以防治。病毒放在一只普通的密码箱中，可以轻易蒙混过海关检查；将基因细菌或病毒喷洒在空气中或者倒入饮用水里，可让成千上万的人毙命。经过改造的病毒和病菌基因就像一把特制的锁，只有研制者才知道它的密码，即使知道敌人使用了基因武器，要查清病毒来源与属性也需要很长的时间。

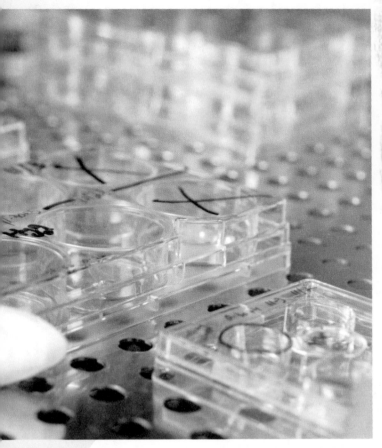

◀ 基因重组实验必须在"负压"实验室中进行

FUZHI SHENGMING—TANXUN JIYIN SHIJIE

生物技术的安全性

21世纪是生物工程的世纪，生物技术将得到飞速发展，与此同时，生物技术在我们生活中的应用也越来越广泛而深入。科学技术原本是以一种为人类谋求幸福的形式出现的，但你是否考虑过它本身可能存在的潜在危机呢？

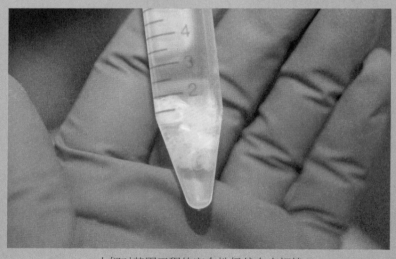

人们对基因工程的安全性仍然存有担忧

近年来，基因工程技术在农业领域得到了广泛的应用，转基因作物的种植面积不断增加，一些与这些转基因作物的种植所带来的后果相关的事件更是引起了人们的关

自从我们开始使用生物技术后，生物技术越来越亲近我们的生活。人类一直都无所顾忌地使用着生物技术产品和工艺，但是你是否想过它真的是如此"安全"吗？

随着生物技术的日新月异，特别是生物工程的迅速发展，人们对其失败的实验产生的后果越来越忧心忡忡。最初人们仅仅为食用经过辐射处理的那些食物的后果发生争执，后来人们也逐渐发现，这种危害与基因工程所造成的后果相比，简直是小巫见大巫。眼看基因工程一点一滴渗入我们的生活，它为我们带来的到底是幸福还是祸患呢？

　　其实，人们的担忧主要来自四个方面：其一，在基因工程的改造过程中是否会产生致命的微生物，一旦它们产生，并从实验室中逃逸出来，对人类势必造成一场灾难，甚至威胁到全人类的生存。其二，转

注。在国际上最具影响力的四大转基因作物事件是：加拿大"超级杂草"事件；墨西哥玉米基因污染事件；美国斑蝶事件以及中国转 Bt 基因抗虫棉事件。

▲ 尽管目前为止的科学实验并没有对人类造成严重问题，但是争论并未就此结束

复制生命——探寻基因世界

尽管目前为止的科学实验没有为人类带来特别大的问题，但针对生物技术的危险性的争论并没有就此结束。拥护者认为人们低估了生物技术的长期影响，而反对者认为拥护者本身对生物技术带有偏见，不注重实验失败的风险。我们应当区分风险和危险的概念：风险是指潜在或可能发生的危害，而危险是已经证明了有危害的事实。任何人类活动都有风险，最重要的是如何正确的进行活动。

基因技术的产品是否会对人类造成什么不可预料的影响，人类使用了转基因产物自身的基因是否会发生无法预料的改变。其三，分子克隆技术应用在其他物种上所创造出的新物种具有不可预见性，很可能具有极大的破坏力；动物克隆技术如果应用在人身上更会造成巨大的社会问题，如果制造克隆人将破坏人类的平衡。其四，生化武器的发展是否会愈演愈烈，一旦爆发后果不堪设想。

应该说，这些忧虑都是有一定的道理以及有一定的现实基础的，所幸，直至目前为止还没有出现大规模的灾难。

在生物技术的发展为人类带来巨大利益的同时，也为我们的生活埋下一个个暗雷。由于每次试验都存在一定的失败率，连科学家们都无法肯定地说目前的生物技术是一种成熟的技术。食物安全、生物安全、环境安全，各方面明显或潜在的威胁虽然带来了科学知识的更新，公众对这些研究成果的社会关注往往也超过了对科学价值的理解，可是，这片未知领域，毕竟太大太难以把握了。当转基因食品、克隆动物来到我们身边

时，我们应当感到欢欣鼓舞还是担惊受怕？社会在发展科学技术的同时，应当为公众树立起理性看待它们的价值观，并使人们明确一点：在生物技术发展迅速的今天，生物技术的确会对人类构成威胁。

无论如何，生物技术为我们展现了一个灿烂的前景，科学进步终要进行，人类必须提升善用科技的智慧才行。

▼ 近年来基因工程技术在农业领域得到了最广泛的应用

未来的人类

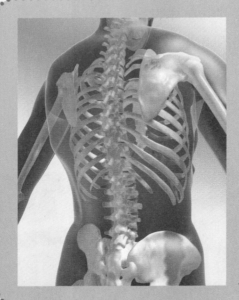

生物界是在物种变异、生存斗争和自然选择中，从简单到复杂，由低等至高等，不断发展进化而来的。按照达尔文的理论，人类和地球上其他的生物都处于不断的进化过程中，那么人类会向什么方向进化呢？未来的人类会是什么样的呢？

人类的身体实际上是很脆弱的

人类是由十几亿年前的一种虫子进化而来，人类基因组计划（HGP）的研究表明人类的原始祖先是生活十三亿年前的草履虫。十三亿年前，世界上只有草履虫以及与草履虫有点相似的"低级"的单细胞生物。随后一部分原古草履虫开始朝"人"的方

你有没有发现，人类的身体实际上是很脆弱的。我们的嗅觉并不灵敏，我们的视力也不敏锐，在一些疾病面前，我们无能为力，一筹莫展。

生物学的研究表明，经过数百万年的进化，人类的身体逐渐得到完善，人类拥有了地球生物中最发达的大脑。但是我们的身体依然不够完美，与其他的地球生物比起来，我们的身体在许多方面都存在着不足。地球上的许多动物具有的优良特性是人类所不具备而又想具备的，例如，猎犬的鼻子可以分辨出200种不同的气味，猫头鹰可以在黑夜看清

东西，响尾蛇具有"红外眼"，可以在黑暗中感知散发热量的物体，壁虎具有极强的再生能力……人类也能如此吗？我们能不能把这些特性转移到人体上呢？如果我们具备了地球上各种生物所有的优良特

向进化，经过十三亿年的漫长岁月，经过了无数的"进化"历程，最终成了今天的人类。

▲ 猫头鹰可以在黑夜看清东西

性，那么我们将会变得多么的强大！随着生物工程技术的发展，这一愿望将有可能实现。

　　科学家们首先想到利用植物的光合作用，自行生产人体所需的营养。这是一个超级大胆的设想！

如果将植物的叶绿体植入人体中，人类就能够利用空气中的二氧化碳、水和阳光直接生产人体所需要的能量。当我们在海滩上尽情享受阳光的同时，就可以顺便吃得饱饱的了。

◀ 生物工程技术为人类的未来生活展现了无数的可能性

　　经过大量的试验，科学家们发现，叶绿体可以在一定条件下，离开植物细胞短暂地独立生存，而且能行使其功能甚至进行繁殖。更为有趣的是，他们发现，叶绿体是能够在动物体内生存并且进行光合作用的。例如：一些海生的软体动物吃了某些海藻以后，叶绿体并没有被消化掉，而是残留在消化道的细胞中，这些细胞能依靠这些叶绿体进行光合作用；美国科学家发现，如果把老鼠的某一种细胞放到一种营养液中，也能吸收从菠菜和紫罗兰中提取出来的叶绿体！

　　设想一下，如果这项研究取得成功的话，人类就再也不用为粮食问题犯愁了，每天晒晒太阳就可以活蹦乱跳。也许，将来真的有一天人类能靠光合作用获取营养，并且拥有其他地球生物的各种优良特性。那时，我们的地球家园将是一派全新的面貌了！